输电线路
涉鸟故障与防鸟装置

国网宁夏电力有限公司电力科学研究院　组编

中国电力出版社
CHINA ELECTRIC POWER PRESS

内 容 提 要

为总结架空输电线路涉鸟故障防治取得的成果，指导各架空输电线路运维单位合理、规范开展涉鸟故障防治工作，提升架空输电线路涉鸟故障防治及运维水平，在相关科技项目研究、标准、规程编制取得的成果基础上，国网宁夏电力有限公司电力科学研究院组织编写了《输电线路涉鸟故障与防鸟装置》一书。

本书分为 6 章，介绍西北地区涉鸟故障等级区域分布情况、架空输电线路涉鸟故障特征、鸟粪闪络故障机理、防鸟装置及差异化防治策略、涉鸟故障防治全过程管理及典型案例分析。

本书可供电力行业从事架空输电线路科研、规划、设计、安装调试、运维检修工作的技术人员、管理人员参考使用，也可供防鸟装置生产企业及大专院校相关专业师生阅读参考。

图书在版编目（CIP）数据

输电线路涉鸟故障与防鸟装置 / 国网宁夏电力有限公司电力科学研究院组编 .—北京：中国电力出版社，2023.10

ISBN 978-7-5198-7834-4

Ⅰ.①输… Ⅱ.①国… Ⅲ.①输电线路－鸟害－故障－防治 Ⅳ.① TM726

中国国家版本馆 CIP 数据核字（2023）第 083071 号

出版发行：中国电力出版社

地　　址：北京市东城区北京站西街 19 号（邮政编码 100005）

网　　址：http://www.cepp.sgcc.com.cn

责任编辑：陈　丽（010-63412348）

责任校对：黄　蓓　朱丽芳

装帧设计：赵丽媛

责任印制：石　雷

印　　刷：三河市万龙印装有限公司

版　　次：2023 年 10 月第一版

印　　次：2023 年 10 月北京第一次印刷

开　　本：710 毫米 ×1000 毫米　16 开本

印　　张：13

字　　数：176 千字

印　　数：0001—1000 册

定　　价：68.00 元

编委会

架空输电线路是电网运行的重要组成部分，其运行可靠性直接关乎电网安全。截至 2021 年，西北地区（宁夏、陕西、甘肃、青海、新疆、西藏）在运 110kV 及以上交直流架空输电线路共 6278 条，长 202612.2km，已初步形成了交直流混合的坚强网络体系。近年来，由于生态环境的优化改善，绿地面积不断增加，架空输电线路附近鸟类活动日益频繁，给架空输电线路的安全稳定运行带来了很大隐患。《2021 年中国生态环境状况公报》指出，我国生态环境质量总体改善，环境风险得到有效控制，生态系统稳定性明显增强，生态环境领域国家治理体系和治理能力现代化取得重大进展。生态环境改善的同时，也对架空输电线路涉鸟故障防治提出了更高要求。

西北地区深居内陆，距海遥远，仅东南部少数地区为温带季风气候，其他大部分地区为温带大陆性气候和高寒气候。由于西北地区特殊的生态环境，2016~2020 年西北电网发生多次涉鸟故障，主要为鸟粪类涉鸟故障，另包含少部分鸟巢类涉鸟故障。为实现电网安全稳定运行和生态文明建设的良好互动，实现人与自然的和谐发展，国网宁夏电力有限公司电力科学研究院组织编写了本书，旨在为管理人员和一线运维人员涉鸟故障防治方面提供有效的借鉴和指导，从而不断提升电网的涉鸟故障防治水平和运行可靠性。

电网涉鸟故障防治的难点有：①鸟类活动规律复杂，影响电网安全的鸟种多样，鸟类分布不明，电力系统针对影响电网安全运行的鸟类观测和研究较少；②涉鸟故障包含多种故障原因，闪络机理各不相同，需要对其进行明确划分，找到研究和治理的关键；③涉鸟故障防治措施缺少规范性文件和依据，防鸟装置质量参差不齐，尚未形成标准化的体系。

本书从电网实际运行角度出发，介绍了涉鸟故障类型、涉鸟故障风险分布图绘制及各等级区域分布情况，并以西北电网为例，介绍了鸟类资源分布以及主要的涉鸟故障鸟种特征，并分析总结了 2016~2020 年发生的 558 次涉鸟故障类型及特征，为涉鸟故障防治提供参考依据。此外，本书在相关标准和现场调研的基础上，对当前主要应用的防鸟装置进行了详细介绍，并对其单一应用效果和组合应用效果进行了评估，并结合具体案例进行分析。最后，本书从运维管理角度，对涉鸟故障防治的全过程提出了切实可行的建议，除对宁夏各运维单位开展涉鸟故障防治工作提供指导外，也希望对其他网省公司提供借鉴。

限于作者水平，加之编写时间仓促，书中难免存在疏漏之处，敬请广大读者批评指正。

作者

2023 年 3 月

目　录

1

概　述

近年来，随着国家对环保的重视和治理费用投入增加，全国人民牢固树立"绿水青山就是金山银山"的理念，统筹山水林田湖草沙系统治理。根据《2022年中国国土绿化状况公报》，全国完成造林383万公顷，种草改良321.4万公顷，治理沙化、石漠化土地184.73万公顷。目前，我国森林面积2.31亿公顷，森林覆盖率达24.02%；草地面积2.65亿公顷，草原综合植被盖度达50.32%，湿地保护修复持续强化，全国林长制体系基本建立。绿化状况的改善和提升给鸟类生存、繁衍提供了有利条件。根据《中国鸟类分类与分布名录》，中国分布的鸟类已达到26目109科497属。随着电网规模逐渐增加，架空输电线路通过的区域和环境复杂程度逐渐增加，鸟类在架空输电线路附近的活动日益频繁，因鸟类活动导致的输电线路涉鸟故障跳闸逐年增多，严重影响了电网的安全稳定运行，涉鸟故障防治工作形势严峻。

1.1 涉鸟故障及其分类

架空输电线路是电网的主动脉，是电能输送的重要通道，因此架空输电线路的运行直接影响电网的供电质量。架空输电线路具有"点多、线长、面广"的特点，且大部分线路位于野外。随着退耕还林、湿地恢复及树木保护工作的开展，鸟类繁衍生息条件逐步改善，鸟类种类和数量逐年增加，活动频繁且范围逐渐扩大，因涉鸟故障引起的线路跳闸故障明显增多，给架空输电线路安全稳定运行带来了隐患。因此，防止架空输电线路发生涉鸟故障，是电网运维的一项重要工作。

在一定地理范围内，鸟类为满足觅食、栖息、繁殖等行为需要，占据于此生存或繁衍后代的栖息地域为鸟类分布。鸟类对其活动的环境有不同要求，

这使得鸟类分布呈区域特性。鸟类在排便、筑巢、飞行、鸟啄等活动时，造成的架空输电线路故障称为涉鸟故障，可分为鸟粪类故障、鸟巢类故障、鸟体短接类故障和鸟啄类故障。一般来说，架空输电线路的涉鸟故障通常由鸟类的某种活动直接造成，如鸟类在绝缘子附近的一次排便、鸟巢材料中金属丝等导电物体的突然脱落（或未脱落但处于下垂状态）、飞行时翅展短接相间或相对地空气间隙等直接造成放电或短路故障等。此外，有些鸟类活动会给架空输电线路运行埋下安全隐患，后期和其他不利因素共同作用下发生的故障也可归纳到涉鸟故障中。如大量鸟粪污染绝缘子表面，导致其在雾、霜露、毛毛雨等高湿度天气下发生污闪；鸟类啄食复合绝缘子护套导致芯棒外露，造成芯棒机械强度及界面电气强度下降等。

1.1.1 鸟粪类故障

鸟粪类故障是指鸟类在杆塔附近泄粪时，鸟粪形成导电通道引起的空气间隙击穿，或鸟粪附着于绝缘子上引起的沿面闪络，可分为两类：①鸟粪污染绝缘子导致其表面电阻降低，引起绝缘子的沿面闪络；②鸟粪下落过程使导线侧（高电位）与横担侧（地电位）空气间隙不足，导致空气间隙击穿。

（1）鸟粪污染引起绝缘子闪络。一般认为有两种机理：①黏稠度不高的鸟粪倾泻在绝缘子表面，这种鸟粪流动性好且电导率很高，当鸟粪数量足够时，甚至能够短接绝缘子伞裙边缘，导致绝缘子沿面闪络；②鸟粪常年累积在同一串绝缘子上，干鸟粪和湿鸟粪层层累积、混合达到一定数量后，遇到雾、霜露、毛毛雨等湿润天气，就会发生沿面闪络。该闪络形式与大气污染在绝缘子串表面积污引起的污秽闪络类似。

（2）空气间隙击穿。鸟类排便时，鸟粪沿着绝缘子外侧下落，不污染或者少量污染绝缘子，鸟粪下落拉长的过程中短接绝缘子或部分空气间隙，使电场畸变和外绝缘强度下降，导致空气击穿跳闸。或是鸟粪未完全短接高低压两端，两端留有空气间隙，但由于气隙过短无法承受过大的电场强度而被击穿，造成线路跳闸。这种形式的鸟粪类故障发生时，鸟粪呈连续或基本连续状态，多由猛禽或水鸟等大型鸟类排便导致，这些鸟类一次排便量大，鸟粪通道可达 4m，极易引发空气间隙击穿放电。这类故障通常发生在 500kV 及以下电压等级的架空输电线路中，尤其是 110kV 输电线路，由于其绝缘距离较短，在鸟类排便时极易发生空气间隙击穿。该类涉鸟故障的发生与大型鸟类消化系统和整理周期有关，一般发生于晚上或清晨，即鸟类晚上将食物消化后排便、或清晨排空肠道为起飞觅食做准备。

该类故障发展过程可分为三个阶段：鸟粪通道的形成和伸长、绝缘子周围的电场发生严重畸变、空气间隙击穿导致绝缘子闪络。

1.1.2　鸟巢类故障

鸟巢类故障是指鸟类在杆塔上筑巢时，较长的筑巢材料掉落时缩短或短接空气间隙，导致的架空输电线路跳闸。鸟类通常选择在高大线路杆塔上筑巢，筑巢材料包含树枝、草叶、藤蔓、铁丝或塑料薄膜。当鸟巢位于绝缘子串上方时，往往会有部分筑巢材料垂落并靠近带电导线，在阴雨、浓雾等天气，树枝、杂草等筑巢材料电阻率急剧下降，引起输电线路接地故障；或遇大风天气时，鸟巢被大风吹散，可能会使筑巢材料中的金属丝等电阻率低的杂物落在导线上，导致线路发生接地跳闸故障。喜鹊、乌鸦等鸟类喜欢口衔树枝、杂草等物体，当它们衔着湿润藤蔓、杂草、金属丝等导电性异物停留在杆塔横担、悬垂绝缘子均压环上或穿越靠近杆塔构件与导线绝缘间隙时，导线通过异物对杆塔放电，造成接地跳闸故障。

1.1.3　鸟啄类故障

鸟啄类故障是指鸟类啄损复合绝缘子伞裙或护套，造成复合绝缘子损坏或闪络，引起的架空输电线路跳闸。喜鹊、灰喜鹊、乌鸦等鸟类进食后喜欢磨喙，复合绝缘子则成为其磨喙物。鸟类叼啄复合绝缘子的硅橡胶伞裙或护

套，较为严重时可导致绝缘子芯棒直接暴露于空气中，若未能及时发现并处理，可能造成复合绝缘子脆断、酥断、掉串等恶性事故。此外，伞裙缺失减少了复合绝缘子的爬电距离，在重污秽地区更容易引起污秽闪络。这类故障通常发生在安装有复合绝缘子的架空输电线路中。不过随着复合绝缘子制造过程中一些特殊材料的掺杂，鸟类啄食伞裙或护套的情况已经很少发生。一般鸟啄类故障发生前复合绝缘子已有明显的外观缺陷，运维人员发现后及时处置即能有效避免此类故障发生。

1.2 涉鸟故障特征

1.2.1 区域性

鸟类常常聚集在人口稀少的河流、水库附近、植被茂盛的绿化区，以及农田周边等区域，导致以上区域及附近线路发生涉鸟故障的概率大幅增加。

1.2.2 重复性

通常情况下，鸟类筑巢、栖息、觅食等活动具有一定依恋性，习惯于停留在同一区域，例如鸟类选择某杆塔作为筑巢位置便会长期如此，即使强行拆除，鸟类仍会在此继续筑巢。运维经验表明，拆除杆塔上鸟巢后，鸟类大概率会在原址上重新筑巢。

1.2.3 季节性

西北地区大多数鸟类繁殖期为每年 4~6 月，迁徙期为 3 月、11 月，架空输电线路涉鸟故障也呈现冬、春两季频发的现象。

1.3 防鸟装置对涉鸟故障防治的作用

架空输电线路防鸟装置的选择与使用是涉鸟故障防治的重要技术手段。

架空输电线路涉鸟故障存在时间与空间上的差异性，相应的防治策略也应具有差异性和针对性。实际应用中，要结合本地区电网运行经验，根据实际情况划分不同等级防治区域，采取疏堵结合的差异化防治策略。

防鸟装置基于"占位""封堵"和"疏导"机理研制而成，目的是防止鸟类在架空输电线路附近活动而导致涉鸟故障的发生。防鸟装置分为三类：防护类、驱逐类和引导类。常见的防护类防鸟装置主要为防鸟刺、防鸟护套、防鸟拉线、防鸟盒、防鸟挡板、防鸟罩、防鸟针板和防鸟锥；驱逐类防鸟装置主要为声光式、风车式驱鸟器；引导类防鸟装置主要为人工鸟巢和栖鸟架。目前，防护类装置是电力系统中应用最广泛也是应用数量最多的防鸟装置。

涉鸟故障防治的主要思路可分为驱鸟措施和堵鸟措施。驱鸟措施为主动防鸟措施，通过制造鸟类不适应的声音、光线等，使鸟类远离输电杆塔，阻止鸟类在杆塔关键部位活动及筑巢。例如，风车式反光镜惊鸟桶、智能声光驱鸟器、电耦合式驱鸟板等。堵鸟措施为被动措施，主要目的是防止鸟粪、筑巢材料等不直接散落在绝缘子上，这样即使有鸟类在杆塔上活动，也不会造成涉鸟故障跳闸。

通过预先在杆塔上加装各类防鸟装置，限制鸟类在可能造成线路故障的位置活动，避免发生鸟粪、筑巢材料短接绝缘子造成的线路跳闸。常用的防鸟装置有防鸟刺、防鸟挡板、防鸟罩等。

1.4 涉鸟故障风险分布图绘制

1.4.1 涉鸟故障风险等级划分原则

根据电力行业标准 DL/T 1570—2016《架空输电线路涉鸟故障风险分级及分布图绘制》，涉鸟故障分为鸟粪类、鸟体短接类、鸟巢类和鸟啄类故障。大型鸟类易造成鸟粪类和鸟体短接类故障，小型鸟类易造成鸟巢类和鸟啄类故障。划分涉鸟故障风险等级应考虑鸟类分布、人类干扰度、地理环境和运行

经验等要素。

按照风险等级由低到高，涉鸟故障风险可划分为Ⅰ、Ⅱ、Ⅲ共三个等级。鸟粪类、鸟体短接类故障风险等级划分原则见表1-1，鸟巢类、鸟啄类故障风险等级划分原则见表1-2。

表1-1　　　鸟粪类、鸟体短接类故障风险等级划分原则

风险等级	划分原则
Ⅰ	（1）未发生该类故障的区域； （2）人类活动频繁，森林覆盖较好，不处于鸟类迁徙通道内； （3）河流、水库、湿地、海洋等水域周边6km范围外； （4）未发现主要涉鸟故障鸟种活动的区域
Ⅱ	（1）近5年内发生3次以下该类故障的区域（杆塔周边6km范围内）； （2）杆塔周边6km范围内区域，大型鸟类活动较少（1年内该区域统计到大型鸟类活动5次及以下）区域； （3）树木较稀疏、人类活动较少的河流、水库、湿地、海洋等水域周边6km范围； （4）发现有主要涉鸟故障鸟种活动的区域
Ⅲ	（1）近5年内发生3次及以上该类故障的区域（杆塔周边6km范围内）； （2）杆塔周边6km范围内区域，大型鸟类或种群规模较大的鸟类活跃区域（1年内该区域统计到大型鸟类或种群规模较大活动5次以上）； （3）处于候鸟迁徙通道内的河流、水库、湿地、海洋等水域周边6km范围内

注　1. 各省可根据区域特点，以运行经验为主，适当进行调整。
　　2. 鸟类活跃区域可以根据杆塔或绝缘子上鸟粪痕迹、鸟类羽毛等作为统计依据。

表1-2　　　鸟巢类、鸟啄类故障风险等级划分原则

风险等级	划分原则
Ⅰ	（1）未发生该类故障的区域； （2）杆塔上未发现鸟巢或未发现复合绝缘子有鸟啄痕迹； （3）非农田区域和森林覆盖较好的区域； （4）未发现主要涉鸟故障鸟种活动的区域
Ⅱ	（1）近5年内发生该类故障的杆塔周边3~6km之间的区域； （2）发现鸟巢较多或鸟啄现象的杆塔周边3~6km之间的区域； （3）树木较稀疏，人类活动较少区域； （4）主要涉鸟故障鸟种活动的农田、草原、戈壁、湿地等周边3~6km之间的区域

续表

风险等级	划分原则
Ⅲ	（1）近5年内发生该类故障的杆塔周边3km范围内区域； （2）发现鸟巢较多或鸟啄现象的杆塔周边3km范围内区域； （3）主要涉鸟故障鸟种活动的农田、草原、戈壁、湿地等周边3km范围内区域

注 各省可根据区域特点，以运行经验为主，适当进行调整。

1.4.2 涉鸟故障基础资料收集内容

（1）地理资料收集内容：绘制区域内平原、丘陵、山地等影响鸟类活动的地理资料。

（2）河流、农田等信息收集内容：绘制区域内河流、湖泊、湿地分布情况；收集城市、乡村及农田分布情况。

（3）鸟类资料收集内容：绘制区域内输电线路附近鸟类活动情况、候鸟迁徙通道、本地区主要涉鸟故障鸟种及其分布等。

（4）运行经验数据收集内容：绘制区域内架空输电线路历年涉鸟故障情况。

1.4.3 绘制方法

（1）底图。底图上应绘制电网地理接线图，分层分级标明110（66）kV及以上架空输电线路、变电站（换流站）、发电厂符号及名称。

（2）绿地图。根据本地区的河流、沼泽、湖泊、水库、森林、农田、城镇、村庄等分布情况绘制绿地图图层。

（3）鸟类资源分布图。反映本地区输电线路涉鸟故障主要鸟种及分布情况，各省公司可以根据自身情况选择绘制；反映本地区输电线路涉鸟故障主要候鸟鸟种迁徙路线及分布情况，各省公司可以根据自身情况选择绘制。

（4）涉鸟故障分布图。涉鸟故障分布图根据本地区架空输电线路历年涉鸟故障情况，选择绘制鸟粪类、鸟体短接类、鸟巢类和鸟啄类的涉鸟故障分

布图图层，并对应标出近 5 年发生涉鸟故障的杆塔。

（5）鸟粪类故障风险分布图。在绿地图、鸟粪类故障分布图、鸟类资源分布图的基础上，根据鸟粪类故障风险区域的划分原则见表 1–1，绘制鸟粪类故障风险分布图。

例如，采用地理网格方法通过对目标区域地理坐标的等间距网格划分，研究每个网格区域内涉鸟故障数据的规律性，可以准确找出涉鸟故障集中区域分布。网格划分间距的选择关系到预测效果的好坏，既不能过大也不能太小，需同时考虑鸟类活动范围与输电线路长度。表 1–1 中鸟粪类故障影响区域为 6km 范围，所以此处网格划分间距选择为 0.06°（约 6km）。将研究区域按 0.06°×0.06° 网格进行划分，利用 ArcGIS 软件中的空间分析功能统计每个网格中鸟粪类故障点的数量，3 次以下该类故障风险等级为 Ⅱ 级，3 次及以上该类故障风险等级为 Ⅲ 级，以网格的行列顺序形成网格数据文件。最后，将绿地图、涉鸟故障分布图、鸟类资源分布图进行缓冲、融合生成鸟粪类故障风险分布图，根据鸟粪类故障风险等级划分原则，对以故障次数划分的涉鸟故障风险等级进行地理环境、鸟类活动情况以及运行经验修正。

（6）鸟体短接类故障风险分布图。在绿地图、鸟体短接类故障分布图、鸟类资源分布图的基础上，根据鸟体短接类故障风险区域的划分原则见表 1–1，绘制鸟体短接类故障风险分布图。

（7）鸟巢类故障风险分布图。在绿地图、鸟巢类故障分布图、鸟类资源分布图的基础上，根据鸟巢类故障风险区域的划分原则见表 1–2，绘制鸟巢类故障风险分布图。

（8）鸟啄类故障风险分布图。在绿地图、鸟啄类故障分布图、鸟类资源分布图的基础上，根据鸟啄类故障风险区域的划分原则见表 1–2，绘制鸟啄类故障风险分布图。

以上涉鸟故障风险分布图绘制后，可对以故障次数划分的涉鸟故障风险等级进行地理环境、鸟类活动情况以及运行经验修正，形成最终稿。

2

西北地区涉鸟故障等级区域分布情况

涉鸟故障风险分布图是电网涉鸟故障防治工作的基础，用于指导新建、扩建输电工程防鸟装置的安装和电网运行设备的涉鸟故障防治改造，对保证电网安全稳定运行具有重要作用。本章结合鸟类分布及活动规律，以西北地区为例，通过分析地理气候特征、鸟类资源概况以及 2016~2020 年发生的 558 次涉鸟故障，结合涉鸟故障防治经验，归纳总结西北地区相关鸟类的活动区域特点。

2.1　西北地区气候特征及自然环境

西北地区深居内陆，距海遥远，加之高原、山地地形较高，阻挡了湿润气流，导致西北地区降水较少，气候干旱，形成了沙漠和戈壁荒滩的景象。

西北地区包括天山山脉、阿尔金山脉、祁连山脉、昆仑山脉、阿尔泰山脉、河西走廊、准噶尔盆地、塔里木盆地、塔克拉玛干沙漠、吐鲁番盆地等山地、盆地、沙漠和戈壁地形。西部地区从东到西自然景观按照人类可分为黄土高原、戈壁沙滩、荒漠高原和戈壁荒漠。由于降水稀少，西北地区地表水量约为 2200 亿 m³/ 年，仅占全国总径流量的 8% 左右。

西北地区仅东南部少数地区为温带季风气候，其他大部分地区为温带大陆性气候和高寒气候，冬季严寒而干燥，夏季高温，降水稀少，降水量自东向西呈递减趋势。天山、阿勒泰、祁连山地区比较湿润。西北地区除秦岭以南地区外大部分地区降水稀少，全年降水量在 500mm 以下，属大陆性干旱半干旱气候和高寒气候。西北地区大致以 400mm 等降水量线为界。内蒙古西部、新疆中部沙漠广布，地形以高原和山地为主。

新疆维吾尔自治区地形地貌可概括为"三山夹两盆"，背面是阿尔泰山，

南面是昆仑山，天山横贯中部，把新疆分为南北两部分。

甘肃省地貌复杂多样，山地、高原、平川、河谷、沙漠、戈壁类型齐全，交错分布，地势自南向东北倾斜，地形呈狭长状。复杂的地貌形态，大致可分为各具特色的六大地形区域，分别为陇南山地、陇中黄土高原、河西走廊、祁连山地和河西走廊以北地带。

青海省远离海洋，深居内陆，海拔较高，是典型的高原大陆性气候，西部极为高峻，向东倾斜降低，主要包含东西向和南北向两组，构成了青海地貌的骨架，地形可分为祁连山、柴达木盆地和青南高原。

宁夏回族自治区地形从西南向东北逐渐倾斜，丘陵沟壑林立，地形分为三大板块：北部引黄灌区、中部干旱带、南部山区。宁夏地处黄河水系，地势南高北低，呈阶梯状下降。宁夏地处大陆西北部，位于黄土高原及腾格里沙漠边缘，黄河流经川区 12 个市、县，该地区地下水位较高；另一部分地区处于荒漠半荒漠地带，植被稀少，干旱多风，生态环境极其脆弱。

陕西省地势南北高，中部低，地势由西向东倾斜，北山和秦岭将陕西从北向南分为陕北高原、关中平原、秦巴山地三大自然区域。陕西省横跨三个气候带，南北气候差异较大。

西藏自治区地处青藏高原，为青藏高原的主体部分，平均海拔 4000m 以上。西藏全区为喜马拉雅山脉、昆仑山脉和唐古拉山脉环抱，地势由西北向东南倾斜。西藏地形复杂，全区地貌包含冰缘地貌、岩溶地貌、风沙地貌、火山地貌等。

2.2　西北地区涉鸟故障总体情况

西北地区涉鸟故障风险类型主要为鸟粪类和鸟巢类。其中鸟粪类Ⅲ级风险区域为 298611.28km^2，占比 7.00%；Ⅱ级风险区域为 918403.12km^2，占比 21.53%；Ⅰ级风险区域为 3049559.65km^2，占比 71.48%；其中青海地区Ⅲ级风险区域占比最高。鸟巢类Ⅲ级风险区域为 172058.55km^2，占比 7.31%；Ⅱ

级风险区域为 788402.24km^2，占比 33.51%；Ⅰ级风险区域为 1392016.82km^2，占比 59.17%；其中青海地区Ⅲ级风险区域占比最高。西北地区涉鸟故障风险区域具体情况见表 2-1。

表 2-1　　　　　　　　　　西北地区涉鸟故障风险区域

风险图类型	西北地区各地风险区域面积（km^2）						
	宁夏	陕西	甘肃	青海	新疆	西藏	总体
Ⅰ级鸟巢风险区域	/	/	370480.66	168703.87	/	852832.29	1392016.82
Ⅱ级鸟巢风险区域	/	/	55208.13	378256.98	/	354937.13	788402.24
Ⅲ级鸟巢风险区域	/	/	111.21	151316.76	/	20630.58	172058.55
Ⅰ级鸟粪风险区域	40437.60	153686.00	183931.71	428114.00	1453163.55	790226.79	3049559.65
Ⅱ级鸟粪风险区域	24070.00	42538.64	189776.24	152154.69	134243.85	375619.70	918403.12
Ⅲ级鸟粪风险区域	1892.40	9375.36	52092.047	118008.91	54689.04	62553.52	298611.28

2.3　西北各地区鸟类分布情况

2.3.1　宁夏回族自治区鸟类分布

宁夏回族自治区鸟类分布及群落结构除受特殊的气候和环境特征影响外，还受到华北地区黄土高原亚区向蒙新区东部草原亚区和西部荒漠亚区过渡这一独特的地理特征影响。联合国环境规划署最新研究认为，目前全球共有 9 条主要候鸟迁徙路线，其中西部迁徙路线（中亚—印度）和东部迁徙路线（东亚—澳大利亚）在宁夏重叠，是全球迁徙通道重要的组成部分。另外，根据国家林业局保护司公布的《全国候鸟迁徙路线保护总体规划》，宁夏地处我国

鸟类中部迁徙路线上，在每年 4 月和 7~11 月，区内都将有大量的迁徙候鸟，并主要分布在沿迁徙路线上能为鸟类提供丰富食物的湖泊、连片湿地、农田、森林等区域。

宁夏目前有野生鸟类 359 种，隶属于 18 目 64 科 175 属，其中迁徙鸟类包括鹳、鹤、野鸭、白鹭、大雁等 200 余种，在区内越冬鸟类包括隼、鹰、喜鹊、乌鸦等 100 余种。宁夏涉鸟故障的主要类型为鸟粪闪络，占比达到 90% 以上，涉鸟故障的主要鸟种为喜鹊、红隼、雀鹰、鸢、黑鹳和苍鹭。

2.3.2　陕西省鸟类分布

陕西省地形南北狭长，地理条件复杂，南北气候差异甚大，植被类型繁多，为野生动物提供了良好的栖息环境，秦岭山脉形成了野生动物资源丰富的多样性和珍稀动物种类较多的野生动物资源状况，关中平原、延安黄土沟壑及榆林沙漠区的不同环境，使陕西省拥有丰富的鸟类资源。陕西鸟类资源主要集中在陕北榆林地区、关中渭南黄河湿地、宝鸡千河及渭河湿地、陕南汉江流域。渭南黄河湿地是关中地区的鸟类重要的栖息地，该区属河流谷底型地貌，是我国候鸟的重要栖息地和迁徙驿站。

陕西省目前共有鸟类 465 种，隶属于 18 目 69 科。本地留鸟主要有：红隼、燕隼、大鵟、阿穆尔隼、白鹭、苍鹭和喜鹊；季节性迁徙鸟主要有：黑鹳、豆雁，灰雁、灰鹤、鸬鹚和灰椋。

2.3.3　甘肃省鸟类分布情况

甘肃省具有独特的地理位置与地貌特征，使得东部海洋暖气流不易到达，成雨机会较少，因此甘肃省大部分地区气候干燥，具有明显的大陆性气候特征。全省降雨分布差异大，最大年降雨量差值为北亚热带气候区（807mm）与河西干旱区（35mm）。从南到北分属亚热带、暖温带、温带和寒温带四个气候带。气候的季节性变化，影响着鸟类的分布迁移。甘肃中部和南部为外流河系，分属长江、黄河两大水系。长江水系在省境内主要支流有白龙江、西汉水，水源充足，年内变化稳定，冬季不封冻，河道坡降大，且多峡谷；黄河干流横贯省境中部，主要支流有大夏河、洮河、渭河、祖厉河等，流域面积大、水利条件优越；省境内西部乌鞘岭以西为内陆水系，较大的内陆河有石羊河、白杨河、黑河（溺水）及疏勒河。同时拥有国际重要湿地1处（尕海湿地），国家重要湿地4处（大苏干湖、小苏干湖、尕海、首曲湿地）。

甘肃省共有鸟类564种，隶属17目、54科、218属，甘肃地区涉鸟故障的主要鸟种为大雁、喜鹊、苍鹰、白鹭和乌鸦。

2.3.4 青海省鸟类分布情况

青海省分布的主要鸟类有大鵟、隼、乌鸦、喜鹊、秃鹫、大嘴乌鸦、黑鹳等。在青海北部，大鵟和隼主要分布在江仓、央隆区域；乌鸦、喜鹊主要分布在农牧区、城镇周边区域；秃鹫主要分布在江仓区域。在青海南部，大鵟、鹰、隼、秃鹫主要分布在海南州贵南地区、共和尕海滩地区，兴海河卡山地区；乌鸦、喜鹊隼主要分布在贵德红柳滩、尼那新村、共和尕海滩地区、贺尔加村区域；黑鹳主要分布在贵德上新庄尧湾村、尧滩村区域。在青海东部，隼主要分布在海东市互助区域；喜鹊主要分布在海东市平安、互助、乐都、民和区域；乌鸦主要分布在海东市平安、互助、乐都、民和区域。在青海西部，大鵟主要分布在天峻县杨康镇、布哈河大桥附近区域；隼主要分布在天峻县杨康镇、布哈河大桥区域及格尔木区域；秃鹫分布在天峻县杨康镇、布哈河大桥区域及格尔木区域。老鹰主要分布在天峻县杨康镇、布哈河大桥区域及格尔木区域；乌鸦分布在花土沟区域。黄化地区的乌鸦、喜鹊、鹰主要分布在循化、化隆、贵德、同仁区域；鹰主要分布在河南蒙古族自治县、泽库县区域。

青海共有鸟类292种，隶属于16目39科。青海地区涉鸟故障的主要鸟

种为大鵟、隼、乌鸦、喜鹊等。

2.3.5　新疆维吾尔自治区鸟类分布情况

新疆地域广阔，由于其独特的地理因素，在国内拥有很多特有鸟种，很多主要分布于欧洲和中亚地区的鸟种都边缘性分布到了新疆。新疆目前已知记录有大约450种鸟类，其中有100多种和亚种都是国内的特有或主分布区，北疆地形为"两山夹一盆"，天山是南北疆的分界，天山以北就是准格尔盆地，西部有伊犁河谷和塔城的额敏河谷与中亚大草原相连，东部有巴里坤大草原连接蒙古高原，中部是广袤的古尔班通古特沙漠与隔壁地带，北部是西北—东南走向的阿尔泰山脉。天山山脉北麓和阿尔泰山脉南麓，与荒漠过渡的地区，往往形成平原农耕地区，也是新疆城市的主要分布区。北疆是新疆鸟种最丰富的地区，新疆大部分鸟种在北疆都有分布，是新疆特色鸟种最集中的繁殖地和越冬地。

新疆共有鸟类453种，隶属于21目65科196属，新疆地区涉鸟故障的主要鸟种为乌鸦、白鹤、苍鹭、白鹭、黑鹳、猎隼、游隼、雕、鱼鹰和鵟。

2.3.6　西藏自治区鸟类分布情况

西藏地区地势高，西北向东南倾斜，边缘高山环绕，峡谷内切，高寒气候独特，水平地带分异与垂直变化紧密结合。太阳辐射强烈，年温差较大，日温差较大，降水季节差异大，干湿季明显。西藏地区河流众多、湖泊密布，为鸟类活动提供了丰富的资源，其外流水系和外流湖全部发育在西藏边缘地区，在藏北高原内部则是内流水系和内流湖。西藏地区鸟类资源丰富，居全国各省区鸟类多样性的前列，其中有22种为西藏高原特有种，特有种比例大，且种群数量大，包括黑颈鹤、斑头雁、红嘴鸥、大鵟、大嘴乌鸦、高山兀鹫、秃鹫、猎隼、喜鹊等鸟类。

西藏地区共有鸟类817种，隶属于21目、74科、237属，西藏地区涉鸟故障的主要鸟种为鹰和隼。

2.4 2016~2020 年涉鸟故障情况分析

2016~2020 年，西北地区 110kV 及以上架空输电线路共计发生涉鸟故障跳闸 558 次，涉鸟故障统计如图 2-1 所示。总体来说，甘肃和西藏涉鸟故障较少，陕西、青海和新疆涉鸟故障较多。

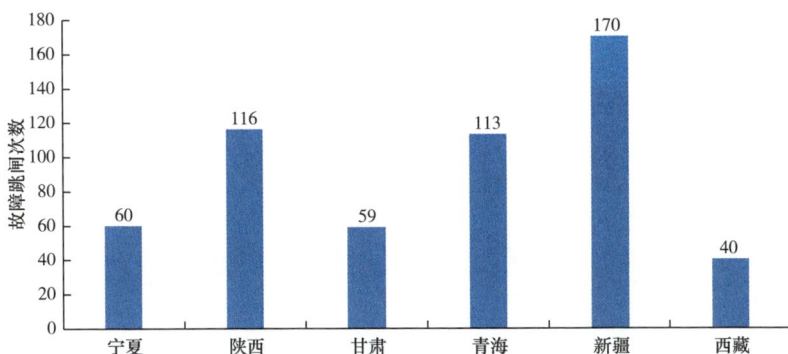

图 2-1 按区域统计西北地区涉鸟故障

2.4.1 涉鸟故障类型

根据涉鸟故障类型，西北地区近 5 年涉鸟故障跳闸情况统计表如表 2-2 所示。从涉鸟故障类型来看，鸟粪类故障共计 451 次，占总体故障的 80.82%；鸟巢类故障共计 74 次，占总体故障的 13.26%；鸟体短接类故障共计 33 次，占总体故障的 5.91%；无鸟啄类故障。

引起鸟巢类故障的鸟类活动为在杆塔上筑巢和繁育，主要鸟种为鹳形目、隼形目、雀形目鸟类。引起鸟粪类故障的一般为体型较大的鸟类或种群数量较多的鸟群。引起鸟体短接类故障的鸟类体型较大，一般为翅展超过 1.5m 以上的大型鸟类或猛禽。引起鸟啄类故障的鸟类喜欢啄食复合绝缘子，主要鸟种有喜鹊、灰喜鹊、大嘴乌鸦等。

经统计，鸟粪类故障在西北地区涉鸟故障中占比最多，鸟巢类故障占涉鸟故障总体的少数，鸟体短接类和鸟啄类故障占比最少，说明西北地区涉鸟故障主要鸟种为体型较大的鸟类或数量较多的鸟群，涉鸟故障防治工作重点应为防治鸟粪类故障。由表 2-2 可以看出，宁夏、陕西、甘肃、新疆地区的鸟粪类涉鸟故障占比最高，占比均高于 85%，说明以上地区涉鸟故障鸟种主要为体型较大的鸟类或数量较多的鸟群；青海地区鸟粪类涉鸟故障占比61.06%，鸟巢类涉鸟故障占比 27.43%，鸟体短接类涉鸟故障占比 11.50%，说明该地区不仅有体型较大鸟类，还有一些喜欢在杆塔上筑巢、繁育的鸟类。西藏地区鸟巢类涉鸟故障占比 92.5%，说明该地区涉鸟故障鸟种主要为体型较大的鸟类。

表 2-2　　　根据涉鸟故障类型统计的西北地区涉鸟故障跳闸情况

地　区	跳闸次数			
	鸟粪类	鸟巢类	鸟体短接类	鸟啄类
宁夏	52	2	6	0
陕西	109	4	3	0
甘肃	59	0	0	0
青海	69	31	13	0
新疆	159	0	11	0
西藏	3	37	0	0
合计	451	74	33	0

2.4.2　涉鸟故障年份

根据涉鸟故障发生年份，西北地区 2016~2020 年涉鸟故障跳闸情况如表2-3 所示。从涉鸟故障年份来看，2016~2020 年西北地区 110kV 及以上架空输电线路历年涉鸟故障次数呈缓慢上升趋势，这与自然环境改善、人工水系增加等因素有关,应高度重视涉鸟故障防治工作,加大鸟害防治资金投入,通过规范安装防鸟装置,提升涉鸟故障防治工作水平。

表 2-3　　　　西北地区 2016~2020 年涉鸟故障跳闸统计表

地　区	跳闸次数				
	2016 年	2017 年	2018 年	2019 年	2020 年
宁夏	8	14	13	13	12
陕西	9	20	18	29	40
甘肃	10	13	13	12	11
青海	19	26	17	32	19
新疆	34	37	32	31	36
西藏	/	/	7	17	16
合计	80	110	100	134	134

注　"/"表示数据缺失。

各地区涉鸟故障数量随年份变化情况如图 2-2 所示,宁夏历年涉鸟故障次数略有下降,新疆涉鸟故障次数在 2019 年以前逐年降低,2020 年出现较大增长,青海涉鸟故障次数则存在较大波动。陕西和甘肃涉鸟故障次数均呈较快上升趋势。

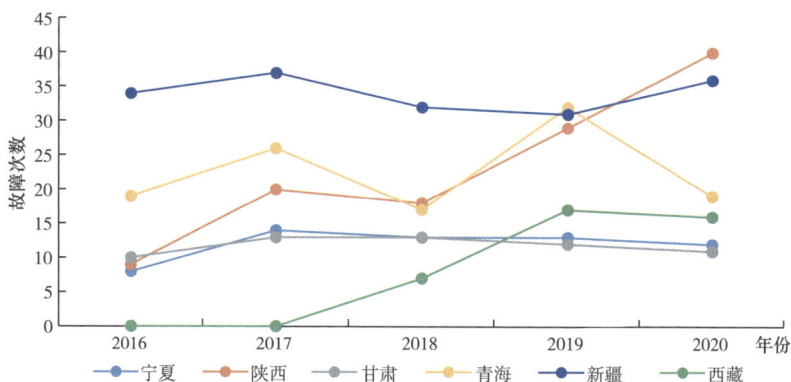

图 2-2　按年份统计西北地区涉鸟故障

2.4.3 不同电压等级涉鸟故障

按照电压等级进行划分，西北地区涉鸟故障跳闸情况如表 2-4 所示，按电压等级统计西北地区涉鸟故障如图 2-3 所示。西北地区涉鸟故障次数随着电压等级的升高而降低，且鸟巢类跳闸和鸟体短接类跳闸主要集中在 220kV 以及下输电线路当中，这与电压等级越高、电气间隙越大有关，同时也说明 220kV 及以下电压等级输电线路应为涉鸟故障防治工作的重点。

表 2-4　　　　　按电压等级统计的西北地区涉鸟故障跳闸情况

地　区	不同电压等级跳闸次数					
	110kV	220kV	330kV	750kV	±400kV	±500kV
宁夏	35	20	5	0	0	0
陕西	100	0	16	0	0	0
甘肃	19	0	40	0	0	0
青海	78	0	27	0	8	0
新疆	106	64	0	0	0	0
西藏	38	/	/	/	2	/
合计	376	84	88	0	10	0

注　"/"表示数据缺失。

从各地区的涉鸟故障情况来看，青海公司 ±400kV 输电线路跳闸率较高，这与青海地区大型鸟类较多、±400kV 柴拉线途经区域海拔较高有关。±400kV 柴拉线发生涉鸟故障的区域位于 4500m 以上的高海拔地区，空气稀薄导致其绝缘性能较差，且涉鸟故障多发生在清晨时分、鸟类活动频繁的区域内，与鸟类活动规律特点相符。同时，±400kV 柴拉线耐张杆塔发生涉鸟故障次数高于直线杆塔，正极性线路发生涉鸟故障次数高于负极性线路。应当注意高海拔地区输电线路的外绝缘配置问题，在涉鸟故障高发区域通过调

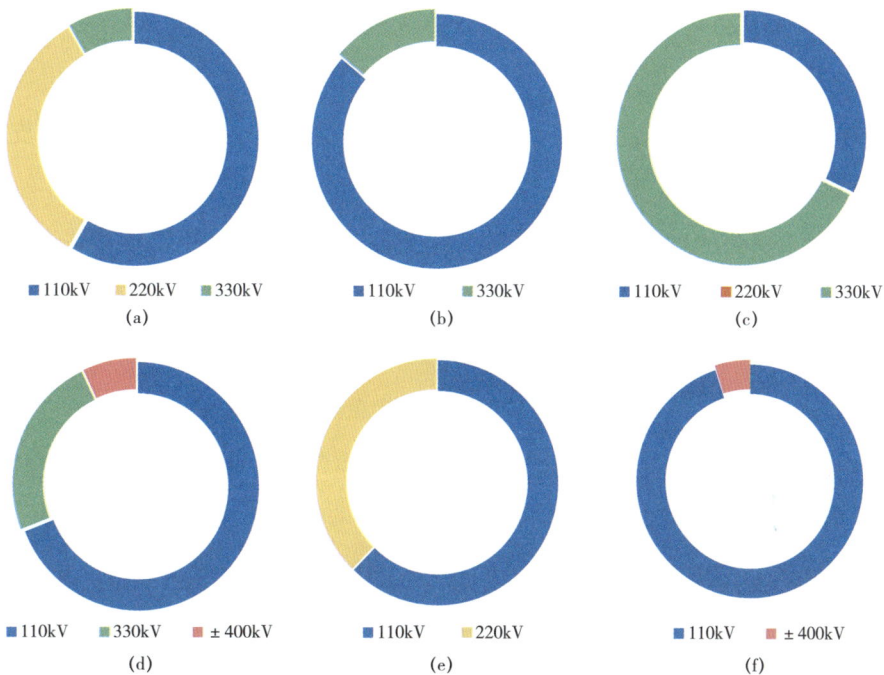

图 2-3　按电压等级统计西北地区涉鸟故障
（a）宁夏；（b）陕西；（c）甘肃；（d）青海；（e）新疆；（f）西藏

爬、增大相间距离等手段增加输电线路外绝缘配置裕度，并结合差异化防鸟措施，降低涉鸟故障发生次数。

2.4.4　已采取的防鸟措施分析

2016~2020 年发生涉鸟故障跳闸的 228 条线路中，故障前安装有防鸟刺的线路 218 条，安装有防鸟护套的线路 33 条，安装有防鸟挡板的线路 31 条，安装有防鸟罩的线路 24 条，安装有驱鸟器的线路 33 条，安装有人工鸟巢的线路 7 条，安装有防鸟均压环的线路 8 条。

故障前安装有 2 种及以上防鸟装置的线路有 76 条，占故障线路总数的 33.33%，表明采取多种防鸟装置组合应用，能够对杆塔进行有效防护，仅采用单一防鸟装置并不能有效防范涉鸟故障。

从故障前防鸟刺的安装情况分析，防鸟刺安装数量小于10支的线路有36条，占故障线路总数的15.79%，其中除防鸟刺外，还安装有其他防鸟装置的线路有8条；防鸟刺安装数量为10（含）~20支的线路有69条，占故障线路总数的30.26%，其中除防鸟刺外，还安装有其他防鸟装置的线路有24条；防鸟刺安装数量在20（含）支以上的线路有46条，占故障线路总数的20.18%，其中除防鸟刺外，还安装有其他防鸟装置的线路有41条。根据上述分析可知，防鸟刺是目前应用最广泛的防鸟装置之一，但应用中仍存在以下问题：①安装数量不足、打开角度不够，未能完全封堵鸟类活动空间；②安装位置不当，造成绝缘子挂点上方位置未能有效防护。

西北地区采用防鸟刺与防鸟锥、防鸟罩等防鸟装置组合应用的较多。总体来看，2016~2020年发生在已安装防鸟装置线路上的涉鸟故障占总数的43.26%，说明防鸟装置的安装存在防护范围不足或安装要求未落实导致未发挥防护效能的情况，已安装防鸟装置的故障线路大多使用防鸟刺，这一方面说明防鸟刺的应用十分广泛，另一方面说明防鸟刺的应用效果仍存在提升空间。相较于未安装防鸟装置和只应用单一防鸟装置的线路，应用2种及以上的线路发生涉鸟故障的占比明显较少，说明采用多种防鸟装置组合的方式能够减小防鸟空白区，提高输电线路涉鸟故障防治工作水平。

3

防鸟装置及其应用效果评估

为降低输电线路涉鸟故障率，运维单位持续开展输电线路防鸟工作。防鸟装置能够有效防止鸟类在杆塔上活动及筑巢，不会对输电线路正常运行产生影响，合理使用防鸟装置是架空输电线路涉鸟故障防治的重要手段，防鸟装置的类型、应用和选型也在实践中不断完善。然而运行经验表明，虽然已对部分发生涉鸟故障的杆塔采取了防鸟措施，但安装的防鸟装置未取得预期效果。本章对目前已使用的典型防鸟装置和新型防鸟装置进行全面总结，分析其特点及适用范围，重点讨论其单一应用效果和组合应用效果，体现涉鸟故障防治的差异性和针对性，以提高输电线路涉鸟故障防治水平。

3.1 典型防鸟装置

3.1.1 防鸟刺

3.1.1.1 定义

防鸟刺是指由多根针状金属丝组成的倒伞状制品，一端散开呈伞状，另一端在底部集中固定在杆塔上，防止鸟类栖息、排便的制品。防鸟刺分为防鸟直刺（FNCZ）、防鸟等径弹簧刺（FNCT）和防鸟异型弹簧刺（FNCY）三类。

防鸟刺结构包含防鸟刺本体和连接金具。连接金具按照连接形式可分为U形和L形，按照功能可分为倾倒型（Q）和非倾倒型（FQ）。

3.1.1.2 应用范围

防鸟刺主要适用于110~500kV输电线路防止非小型鸟类的鸟粪类、鸟巢类故障。

3.1.1.3 安装要求

（1）杆塔横担采用箱梁式结构时，应在横担上、下平面均安装防鸟刺。

（2）可结合杆塔型式在地线支架安装防鸟刺。

（3）特殊条件下，可考虑防鸟刺倒置安装（或安装雨伞式防鸟刺）。

（4）安装后，刺针应完全打开，打开扇面角度不小于150°，打开后相邻刺针顶端之间的间隙不大于100mm。

（5）安装旋转打开式底座防鸟刺后，底座应能良好工作，可实现自锁，刺针打开后均匀散开。

（6）安装雨伞式防鸟刺后，刺针应完全打开为两层，上层为短刺针，下层为长刺针。相邻两个防鸟刺下层刺针顶端之间不应有空隙，保证完全封住塔材。防鸟刺典型安装示意如图3-1所示。

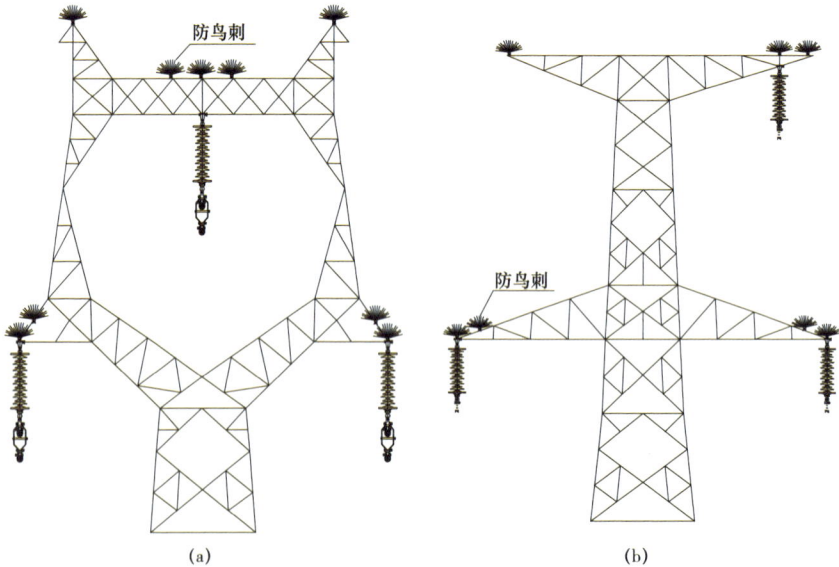

图3-1 防鸟刺典型安装示意图（一）

（a）单回路直线塔；（b）单回路耐张塔

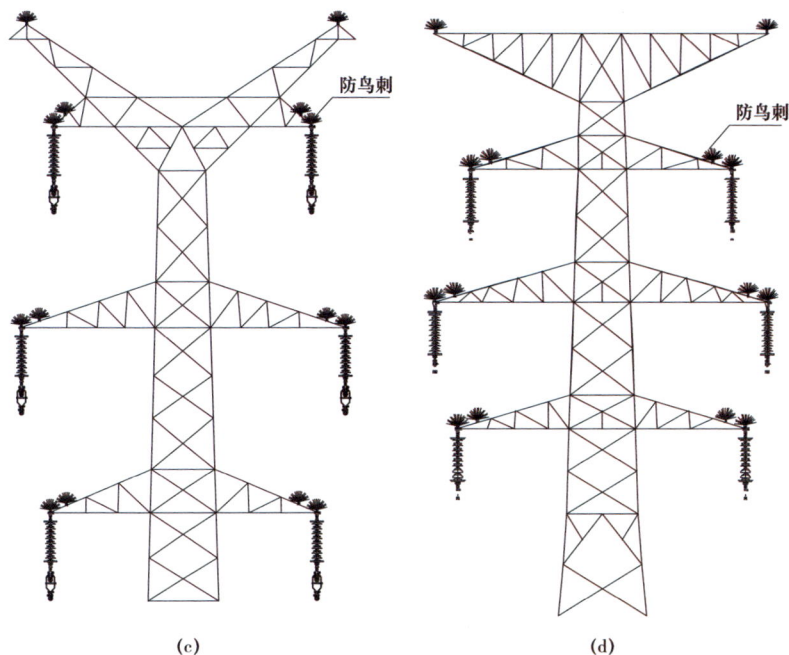

图 3–1　防鸟刺典型安装示意图（二）

（c）双回路直线塔；（d）双回路耐张塔

3.1.2　防鸟护套

3.1.2.1　定义

防鸟护套是包裹绝缘子串高压端金具及其附近导线，防止鸟粪或异物引起闪络的绝缘护套，通常由硅橡胶材料制作，为满足长期运行要求，其厚度及材料应能耐受线路最高运行相电压。防鸟护套制作时应整体一次注射完成。为了便于现场安装，防鸟护套一般配备有安装搭扣或榫槽。防鸟护套安装时，应采用整根安装，不应有接头，密封口朝下，护套内径应与导线外径相匹配，护套底部和端部均应用常温硫化胶密封良好。

3.1.2.2　应用范围

防鸟护套主要在涉鸟故障严重（Ⅲ级风险）区域进行安装，适用于110~330kV 架空输电线路预防鸟粪类和鸟体短接类故障，共有三种安装形式：①在耐张杆塔引流线上安装，防鸟护套包覆所有导线及间隔棒，但是跳线串

线夹及均压环等金具没有包覆；②在中相悬垂串均压环上安装，防鸟护套包覆中相悬垂串均压环，均压环下方的金具及悬垂线夹不做包覆；③在直线塔悬垂线夹两侧导线安装，个别杆塔需要对悬垂线夹进行整体包覆。安装后，防鸟护套应和线夹、连接金具、导线等包覆紧密，导线端金具均应包覆。

3.1.2.3　安装工艺要求

（1）安装前，应确认被包覆的所有线夹、连接金具、导线等状态完好，若有异常必须恢复正常后方可安装。

（2）安装时，应采用整根安装，不应有接头，密封口朝下，护套底部和端部均应用常温硫化胶密封良好。

（3）耐张杆塔安装时，引流线及间隔棒均应全部包覆。

（4）安装后，防鸟护套应和线夹、连接金具、导线等包覆紧密，导线端金具均应包覆。防鸟护套典型安装示意如图 3-2 所示。

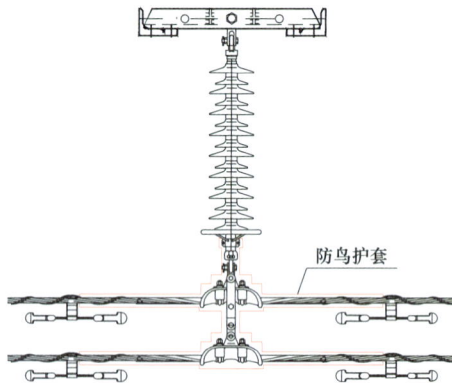

图 3-2　防鸟护套典型安装示意图

3.1.3　防鸟针板

3.1.3.1　定义

防鸟针板是由固定于杆塔横担部位的底板和垂直于底板的多根金属针组成、防止鸟类停留或筑巢的制品。防鸟针板的钢针和底板材质一般采用两种类型：①热轧钢并经热镀锌处理；② 304 不锈钢。防鸟针板可分为固定式防鸟针板和伸缩式防鸟针板，现阶段常采用伸缩式防鸟针板。伸缩式防鸟针板由钢针、钢针承载体和连接金具三部分组成，钢针采用铆接工艺固定在钢针承载体上，钢针承载体可伸长或缩短，并可拼接形成多排钢针。

3.1.3.2　应用范围

防鸟针板适用于110~500kV输电线路各种塔型，主要应用于不满足防鸟刺安装条件的杆塔横担位置，预防鸟粪类、鸟巢类故障。

3.1.3.3　安装工艺要求

（1）安装防鸟针板时，应根据塔材宽度采用单排、双排或三排针板，现场拆装方便，便于检修作业。

（2）杆塔横担采用箱梁式结构，应在横担上、下平面均安装防鸟针板。

（3）地线支架可结合杆塔型式安装防鸟针板。

（4）安装防鸟针板时，应有效防护绝缘子挂点、引流线上方周边塔材，不应留有空隙。防鸟针板典型安装示意如图3-3所示。

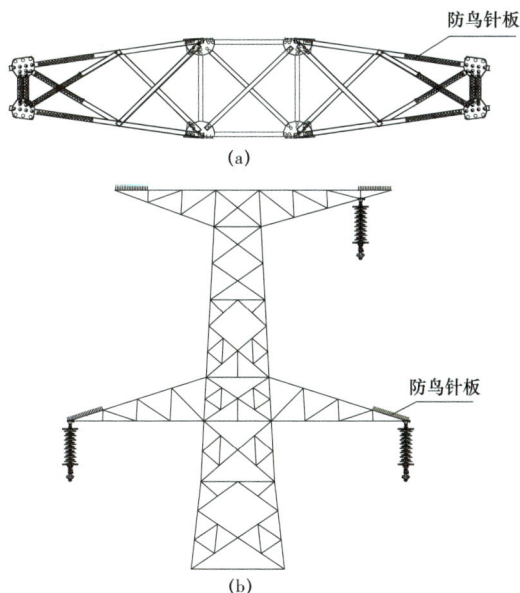

图 3-3　防鸟针板典型安装示意图

（a）俯视图；（b）主视图

3.1.4 防鸟罩

3.1.4.1 定义

防鸟罩是安装在架空输电线路悬垂绝缘子串上方的圆盘形制品，以阻挡鸟粪、异物下落时接触或靠近绝缘子边缘，确保绝缘子串不发生短路及周围场强不发生畸变，从而避免发生因悬垂绝缘子串上方有鸟粪或者异物落下造成的放电跳闸事故。防鸟罩采用中间高外侧低的斜面设计形式，当鸟粪滴落在防鸟罩上时可从防鸟罩外沿流出，避免直接短接绝缘子伞裙边缘造成沿面闪络。

防鸟罩按绝缘材质可分为硅橡胶防鸟罩和玻璃钢防鸟罩，按结构可分为带金具的一体式防鸟罩和对接式防鸟罩。防鸟罩罩面厚度应不小于 4mm，采用中间高外侧低斜面设计，与水平面的角度控制在 10°~30°。

3.1.4.2 应用范围

防鸟罩适用于 110~220kV 输电线路预防鸟粪类故障。防鸟罩造价较高、其表面积累的鸟粪和污秽在雨季被大量冲刷下落时，可能造成绝缘子污闪跳闸。此外，为避免横风撕裂防鸟罩伞裙，硅橡胶防鸟罩不适用于风速较高的地区。

3.1.4.3 安装工艺要求

（1）对接式防鸟罩固定和连接方式应综合考虑防风、防冰和防积水等要求，与球头挂环连接部位应保证贴合紧密，并加设密封垫，不得发生松动。

（2）安装防鸟罩过程中，伞罩无损坏、无变形、无碰撞、表面光洁。防鸟罩典型安装示意如图 3-4 所示。

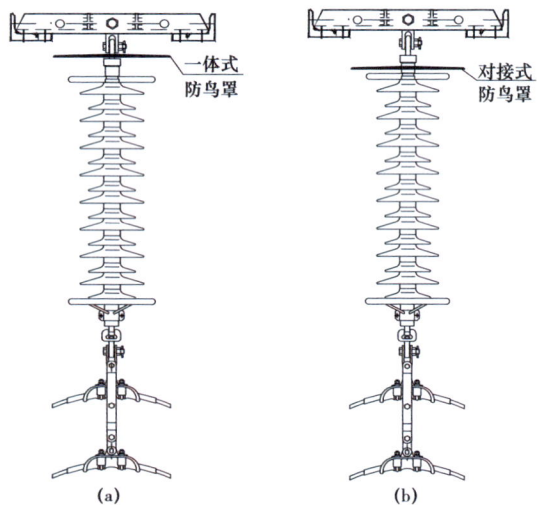

图 3-4 防鸟罩典型安装示意图

（a）一体式防鸟罩；（b）对接式防鸟罩

3.1.5 防鸟挡板

3.1.5.1 定义

防鸟挡板是固定在输电线路绝缘子串上方横担上的水平或小角度倾斜的板状材料，用于防止鸟粪在挡板范围内落下从而污染绝缘子串，或鸟类在绝缘子上方横担处筑巢。防鸟挡板材料可分为复合材料板、环氧树脂板、不锈钢板、PC板等。复合材料板、环氧树脂板均为环保材料，重量轻、抗冲击力性能好，具有优良的抗紫外线性能，对输电线路长期所在的野外运行环境适应性好。

3.1.5.2 应用范围

防鸟挡板主要应用于110~220kV输电线路鸟粪类故障防治。可大面积封堵横担，造价相对较高、拆装不方便，其上表面可能积累鸟粪，不适用于风速较高的地区；安装封堵不严时存在防鸟漏洞。

3.1.5.3 安装工艺要求

（1）防鸟挡板与横担连接点应不少于4处，当防鸟挡板顺横担方向大于1600mm时，每块挡板中部应至少增加连接点2处。

（2）防鸟挡板固定和连接方式应综合考虑防风、防冰和防积水等要求，挡板靠近导线侧应略高，与水平面成8°~10°倾斜角。

（3）防鸟挡板板面应无凹陷。防鸟挡板典型安装示意如图3-5所示。

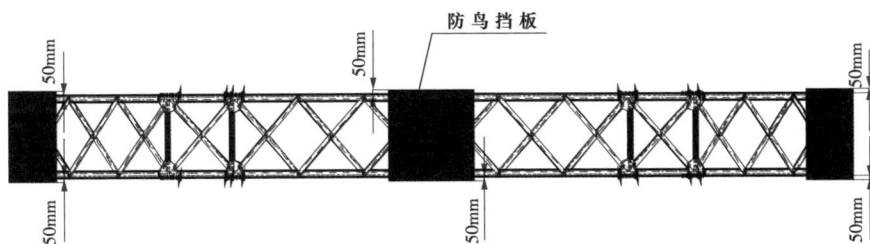

图3-5 防鸟挡板典型安装示意图

3.1.6　驱鸟器

3.1.6.1　定义

驱鸟器是安装在架空输电线路杆塔上，通过发出声波、光波驱赶鸟类，防止其在杆塔上停留的装置。常见的驱鸟器有声光电子驱鸟器、风力驱鸟器、电击驱鸟器等。

声光电子驱鸟器是指能够自动甄别鸟类靠近并发送超声波或强光等达到驱鸟效果的防鸟装置。该类防鸟装置可采用太阳能电池板和蓄电池供电，通过雷达、拾音器主动探测鸟类是否靠近，利用超声波、语音仿真、强光频闪等手段，惊吓、破坏鸟类神经、视觉系统，从而达到综合驱鸟的目的。

电击驱鸟器以太阳能电池或耦合电容为电源，当鸟类靠近电击驱鸟器时，驱鸟器发射高压电子脉冲或电容电压，将鸟类驱离。

风力驱鸟器一般由塑料盒吸铁石构成，很难抵御较高杆塔上的大风天气，容易出现折断或者脱落。

3.1.6.2　应用范围

驱鸟器主要适用于110（66）、220、330、500、750kV架空输电线路鸟巢、鸟粪类故障防护。

声光电子驱鸟器和电击驱鸟器主要适用于鸟巢类涉鸟故障，应用于110~220kV输电线路，对防止鸟巢类、鸟体短接类故障有显著效果。

3.1.6.3　安装工艺要求

（1）安装前应检查驱鸟器，逐个调试并确认各项功能正常后，方可上塔安装。

（2）自带太阳能电池板的驱鸟器的受光面应面向正南，确保无遮挡，板面应成30°左右下倾。

（3）自取电驱鸟器安装用的导线夹具应拧紧，电流互感器模块上下部分应对正。

3.2 新型防鸟装置

3.2.1 轨道式输电杆塔驱鸟机器人

3.2.1.1 定义

轨道式输电杆塔机器人（以下简称驱鸟机器人）是指能够在杆塔上利用自带轨道在一定空间内活动的、通过驱鸟单元进行驱鸟的驱鸟装置，如图 3-6 所示。

图 3-6 轨道式驱鸟机器人

3.2.1.2 应用范围

驱鸟机器人由远距离探鸟单元（雷达探测器或其他方式），运动平台单元、导轨及支架、电机及驱动控制单元、太阳能充电单元、驱鸟单元（变频超声波＋声音＋强光），蓄电池供电单元以及外壳几部分组成。驱鸟机器人属于吊装式轨道机器人，通过前端安装的探测器探测鸟类的靠近，一旦探测到有鸟类接近铁塔，驱鸟机器人通过来回运行并启动辅助驱鸟机构（超声波＋强光＋声音）对鸟类进行驱逐。

驱鸟机器人主要适用于 110（66）、220、330kV 架空输电线路鸟巢类、鸟粪类故障防护。

3.2.1.3 应用情况

110kV 汤五线走径穿越岐山、眉县平原地区，线路周边主要种植猕猴桃，

随着近几年环境和鸟类保护意识提高，该区域鸟类活动频繁，对线路安全构成威胁。此外，鸟类在杆塔上筑巢搭窝问题突出，附近村民给猕猴桃搭架多使用铁丝，产生了鸟类就地取材使用钢丝搭窝筑巢的问题，鸟窝搭建不牢固，掉落的铁丝可能会引起带电导线空气间隙安全距离不足引起线路跳闸。

2020 年 6 月，陕西省宝鸡公司在 110kV 汤五线 139 号杆塔安装了驱鸟机器人，该驱鸟机器人能精准探测鸟类并识别，通过安装的步进电机带动底座在轨道表面滑动，在驱鸟机构上应用 LED 闪频灯和超声波发生器模块，在往复运动中利用"变频超声波 + 声音 + 强光"方式，实现驱赶鸟类和避免输电线路危害鸟类双赢效果。自该驱鸟机器人安装在汤五线 139 号杆塔后，杆塔上未出现鸟类搭建的新巢，杆塔杆身、横担上鸟粪逐步减少，有效地驱离鸟类靠近输电杆塔，从而避免了鸟类在线路上排便、筑巢、飞行、鸟啄等活动引起线路跳闸停运，确保了输电线路的安全稳定运行。

3.2.2 仿生驱鸟装置

3.2.2.1 定义

仿生驱鸟装置是指能够通过雷达探测到鸟类靠近时、启用系统发出超生户、声音、闪光或电子脉冲刺激鸟类，以达到驱鸟目的的防鸟装置，如图 3-7 所示。

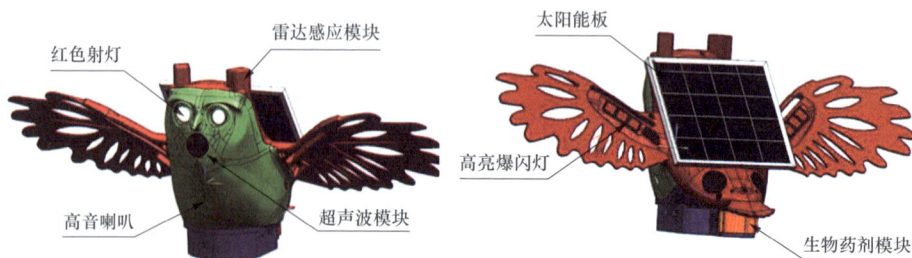

图 3-7 仿生智能驱鸟装置

仿生驱鸟装置集生物驱鸟、超声波驱鸟、外形驱鸟、声光驱鸟多种驱鸟手段为一体，装有多普勒雷达探测传感器及其处理分析电路和分析甄别程序，具有主动探测驱鸟功能。雷达探测器可通过智能模块进行降噪处理，识别杆塔附近是否为鸟类活动，当确认为鸟类活动时，则立即启动驱鸟装置，进行有目的的被动驱鸟。

3.2.2.2 应用范围

仿生驱鸟装置主要适用于 110（66）kV 架空输电线路鸟巢类、鸟粪类故障防护。

仿生驱鸟装置应安装在铁塔中相下河口角材上，安装时加装平弹垫，保证螺丝紧固，在确认拧紧后对固定螺丝做紧固标识。该装置配备 App 管控系统，能够显示装置驱鸟日期、驱鸟次数等驱鸟详情和电池电压、太阳能充电状态等设备自身状况数据。

3.2.2.3 应用情况

仿生驱鸟装置目前已在 110kV 武海Ⅱ线 #29、武海Ⅰ线 #29、洋盛线 #68、汉徐线 #9 等鸟类活动频繁区段杆塔试点应用，应用效果良好。

3.2.3 绝缘引流线

3.2.3.1 定义

绝缘引流线是指通过硅橡胶包覆和加装伞裙实现绝缘化的引流线，如图 3-8 所示。

图 3-8 绝缘引流线现场安装图

绝缘引流线以 10kV 架空绝缘导线结构和常规防鸟护套安装形式为依据，通过绝缘包覆达到引流线绝缘化的目的，用于替代传统的防鸟刺、防鸟针板、绝缘护套等防鸟装置，能够有效避免传统防鸟装置安装不规范、覆盖范围不足导致的防鸟空白点和防鸟隐患，解决"干"字型塔跳线串因小型鸟类栖息导致的鸟粪闪络或鸟体短接跳闸问题。

3.2.3.2　应用范围

绝缘引流线采用硅橡胶包覆钢芯铝绞线，并加装伞裙，结构简单、安装方便，适用于 110（66）、220、330kV 架空输电线路"干"字型耐张杆塔的鸟巢类、鸟粪类、鸟体短接类故障防护。

绝缘引流线在"干"字型塔上的应用，取代了数量多、安装工艺要求高的各类防鸟装置，极大方便了运维人员的塔上作业，同时能够有效减少"防护型"和"驱逐型"防鸟装置对鸟类活动的影响，实现了鸟类保护和电网安全的和谐共生。

3.2.3.3　应用情况

目前，绝缘引流线已在 110kV 唐风线、220kV 坡恩线、330kV 罗鲁线等 8 条线路 30 基耐张塔进行了安装，应用效果良好。

3.2.4　防鸟水桶

防鸟水桶是安装在架空输电线路猫头塔中相横担中的桶状制品，以阻挡鸟类在猫头塔中相横担绝缘子上方筑巢、滞留排泄等活动，确保阻塞中相横担内部空间，鸟类在此处无法进行筑巢、滞留排泄，以保护绝缘子不受鸟粪污染、无鸟粪短接、无筑巢树枝短接等，从而避免发生鸟粪闪络、鸟巢、鸟粪短接等故障。防鸟水桶主要适用于 110（66）kV 架空输电线路 1B-ZM1 型猫头塔鸟巢、鸟粪类故障防护。图 3-9 所示为防鸟水桶在 110kV 猫头塔安装示意图。

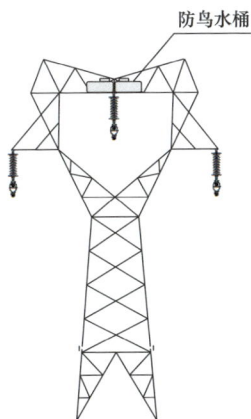

防鸟水桶

图 3-9　防鸟水桶在 110kV 猫头塔安装示意图

110kV 猫头塔（1B-ZM1 型）中相横担分为上下两层结构，中间镂空，为鸟类提供了良好的筑巢栖息环境，当鸟类在中相横担处排便时，会导致线路发生鸟粪类跳闸故障。结合上述涉鸟故障防治问题的关键，针对此类型杆塔提出堵塞中相横担中间镂空部分，屏蔽鸟类在中相绝缘子上方处筑巢、活动空间，以降低涉鸟故障发生概率。

安装工艺要求：①安装前检查防鸟水桶质量，逐个调试并确认各项功能正常后，方可上塔安装；②在铁塔组立时，中相横担塔材未封顶前将其放置于合适位置，并采用绑扎、专用固定夹等方式将其固定。

防鸟水桶仅在 110kV 猫头塔中相绝缘子上方应用，如图 3-10 所示。该桶外部直径 25cm，长 100cm；可应用多个防鸟水桶扩大屏蔽空间。通过应用防鸟水桶，可有效阻塞鸟类在猫头塔中相绝缘子上方筑巢。防鸟水桶结构简单，安装方便，安装后无需布置大量防鸟刺、防鸟针板等装置，应用效果良好，有效降低鸟类活动空间，减少中相导线因鸟粪闪络、鸟巢短接等导致的涉鸟故障跳闸次数。

防鸟水桶应用也存在一定的局限性，比如针对特性类型杆塔使用，同时仅限于阻塞鸟类在绝缘子上方筑巢、排泄的空间，因此需要配合其他防鸟装置共同使用，以达到良好的防鸟效果。

图 3-10　防鸟水桶安装图

3.2.5　磁吸式防鸟挡板

3.2.5.1　定义

磁吸式防鸟挡板是一种新型挡板，通过对金具式防鸟伞裙和防鸟挡板结构、安装方式等方面的优化设计，采用磁铁来替代传统的连板，提高作业人员作业效率、降低安装难度、缩短作业耗时，弥补传统挡板安装困难、细碎零件过多的问题。

3.2.5.2　应用范围

磁吸式防鸟挡板主要应用于 110~220kV 输电线路鸟粪类故障防治，挡板可大面积封堵横担，相对传统挡板具有更高效、便携的安装方式，减轻了检修人员的工作压力，提高了检修工作的高效性，适用于鸟类活动广泛地区。

普通的挡板材料多选环氧树脂，安装方式分为轧带、钢丝、角钢扁铁支架，存在质量较重且不易安装的缺陷。磁吸式防鸟挡板由挡板、弹簧连接组件、螺杆、磁铁、绝缘硅胶帽以及防坠落组件组成，其结构如图 3-11 所示。磁吸式防鸟挡板材质为环氧树脂，绝缘性能优异；弹簧连接组件中，弹簧材质为 65 号锰钢，两端的螺纹套通过焊接工艺制成；绝缘硅胶帽材质为硅橡胶，通过模压工艺制作而成，具有良好的绝缘性能；防坠落装置为通用设计，适用于多种型材角钢，实用性高。磁吸式防鸟挡板安装在绝缘子串上方的遮板，用于悬挂遮板的四个带有弹簧的螺纹柱，其中，遮板材质为新型，各螺纹柱的上方还设有磁吸柱，磁吸柱必须通过试验校核，应满足在超过 40m/s 风速下正常运行的要求，螺纹的下方通过弹簧与遮板弹性连接，挡板的尺寸可根据安装位置的不同定制，可以有效防止因鸟粪、污物、雨雪等引起的输电线路故障。

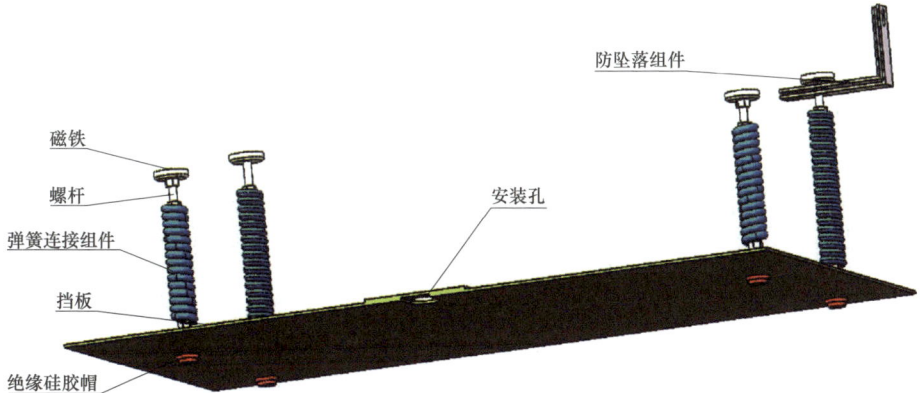

图 3-11　磁吸式防鸟挡板结构图

3.2.5.3　安装工艺要求

（1）磁吸式防鸟挡板的结构不同于传统挡板，它由三个弹簧连接器和一个二连板组成，每个隔弹簧连接器的上方装有一块 D48 型号的磁铁，并配备有防坠落安全装置，保证安装后能稳定可靠的运行。

（2）磁吸式防鸟挡板的安装方式为：先将二连板安装固定，从而确定好挡板的所在位置，之后将三块磁铁依次吸附在塔材上即可。

采用磁吸的安装方式可直接带电进行安装作业，在不增加绝缘子串长度的同时，提高线路涉鸟故障防治水平。磁吸式防鸟挡板及安装示意如图 3-12 所示。

图 3-12　磁吸式防鸟挡板及安装示意图

磁吸式防鸟挡板经现场安装运行观察，设施安装牢固、运行稳定、防鸟效果较好，且与传统防鸟挡板相比，在检修效率、安全效益、供电可靠性方面有大幅度提升，具有很高的推广价值。

3.2.6　防鸟锥

防鸟锥是安装于横担上方，用于填补其他防鸟装置间的空隙，防止鸟类栖息、筑巢的锥状制品，由锥体和内置强力磁铁组成，如图 3-13 所示。

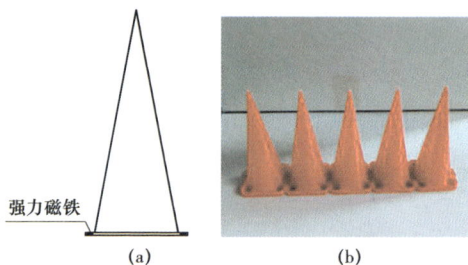

强力磁铁

（a）　　　　　　　　（b）

图 3-13　防鸟锥示意图

（a）结构图；（b）实物图

防鸟锥锥体采用高性能聚合物一次注塑成型，锥体的高度为 200mm，底座为 70mm 的正方形，一侧留有插接孔，锥体材料性能需满足表 3-1 中的技术参数要求。底座四个角上内置 4 颗圆柱形强力磁铁，磁铁直径不小于 10mm，用于锥体和铁塔塔身吸附连接，磁铁宜采用热压钕铁硼永磁材料制作而成。

表 3-1　　　　　　　　　　防鸟锥锥体材料技术参数

序号	项目	要求
1	拉伸强度	>29.0MPa
2	冲击强度（简支梁缺口）	>1.0kJ/m²
3	耐热性	热分解温度不小于 105℃
4	老化特性	氙灯老化试验后，拉伸强度和冲击强度不小于原值的 80%

安装前，应仔细检查磁铁状态是否正常；在安装过程中，锥体无损坏、无变形、无碰撞、表面光洁；安装后，防鸟锥的安装应能有效封堵两防鸟刺底座之间的空隙，相邻防鸟锥应连接到位。防鸟锥现场安装情况如图 3-14 所示。

图 3-14　防鸟锥现场安装图

防鸟锥是近几年国网宁夏电力有限公司新使用的一种防鸟装置，常搭配防鸟刺使用，可有效填充防鸟刺底座间的空隙，从而达到了较好的防护效果。主要用于封堵防鸟刺底座间的空隙，强化"占位"效果，适用于各个电压等级输电线路预防鸟巢类、鸟粪类故障。

3.2.7　雨伞式防鸟刺

雨伞式防鸟刺安装后呈撑开伞状，鸟类停留后刺针更易晃动而失去平衡，能更好地实现对横担重点区域的防护。雨伞式防鸟刺刺针分为两层，其中上层长 450mm，下层长 250mm，长刺针可有效覆盖防护范围，短刺针可有效封堵长刺针下方空隙，更容易实现对横担的"占位"。雨伞式防鸟刺示意和实物

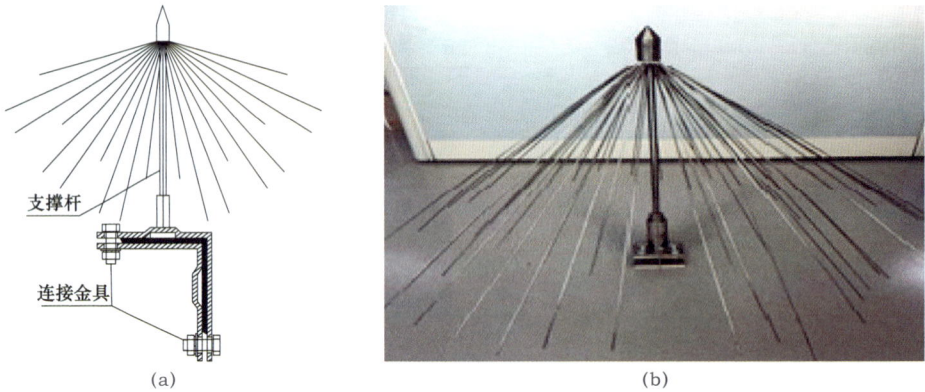

图 3-15　雨伞式防鸟刺示意实物

（a）示意图；（b）实物图

　　在安装时，防鸟刺的数量应满足相应电压等级输电线路防护范围的要求，当横担沿线路方向较宽时，应在相应方向增加防鸟刺安装数量。对单回路线路中相横担，应在横担上下平面均安装防鸟刺，部分杆塔的防鸟刺安装示意如图 3-16 所示。此外，在导线横担上加装防鸟刺前，应校核防鸟刺与上方导线间的电气距离，以防止因电气距离不足引发的短路故障发生。

图 3-16　防鸟刺现场安装图（一）

（a）中相横担上下平面安装防鸟刺；（b）边相宽横担安装防鸟刺

图 3-16　防鸟刺现场安装图（二）

（c）混凝土杆塔双横担安装防鸟刺；（d）混凝土杆塔单横担安装防鸟刺

3.3　防鸟装置应用效果评估及建议

3.3.1　防鸟刺应用效果评估及建议

3.3.1.1　单一应用效果评估

防鸟刺使用方便、安装便捷、牢固可靠、经济性好，规范安装后能够起到较好的防鸟效果，已成为预防涉鸟故障的主要方式之一。但若制作防鸟刺的材质不良，在长时间运行后刺针容易变形、生锈，最终导致防鸟刺失效，使得大型鸟类能够在防鸟刺上方栖息停留、依托其筑巢，并且断落的刺针也有可能短接空气间隙引起线路跳闸。

防鸟刺的防护效果与选型、安装工艺和验收等密切相关，若安装位置不准确、数量不足，存在可供鸟类栖息筑巢或小型鸟类穿行的空隙就可能引发涉鸟故障；同时老式防鸟刺材质不是冷拔丝，安装后不易收拢，长期运行易生锈，影响线路检修作业和防护效果（见【案例 1-2】）。

3.3.1.2　组合应用效果评估

防鸟刺与防鸟挡板、防鸟罩、防鸟锥等防鸟装置组合应用时，能够明显减少涉鸟故障。通过安装防鸟刺能够阻挡鸟类在绝缘子挂点上方活动，当防鸟刺安装不规范或数量不足时，小型鸟类会在防鸟刺间隙活动，部分大型鸟类会站在防鸟刺上排便，此时组合应用的防鸟挡板、防鸟罩等能够有效阻

挡鸟粪下落，从而起到更好的防护作用，降低涉鸟故障跳闸概率（见【案例 4.5–3 】）。

3.3.1.3　应用建议

运行经验表明，防鸟刺可有效防止大型鸟类在绝缘子挂点上方栖息和筑巢，是目前应用最为广泛的防鸟装置，常与其他防鸟装置组合应用。但防鸟刺的应用效果与选型和安装验收情况有关。防鸟刺对白鹭、东方白鹳等腿部较长的鸟类的防护效果不够理想。目前使用的常规防鸟刺的刺针长度最长为 600mm，因此需要根据当地主要活动鸟类进行针对性选型，例如可以使用雨伞式防鸟刺，安装后呈撑开伞状，刺针分上下两层，更好地实现双层防护，同时鸟类会因无着力点而无法停留，因此雨伞式防鸟刺能更好地防护横担重点区域。此外，由于小型鸟类所需筑巢及活动空间相对较小，可在防鸟刺之间的间隙筑巢活动，因此需要选择合适型号的防鸟刺，规范安装，并采用防鸟锥封堵空隙。在小型鸟类活动频繁区域可采用防鸟刺与防鸟锥组合应用，在横担绝缘子挂点处采用防鸟刺与防鸟罩、防鸟挡板组合应用，防止鸟类在防鸟刺间隙栖息排便导致粪便下落短接空气间隙，提高防护范围和防护效果。

3.3.2　防鸟护套应用效果评估及建议

3.3.2.1　单一应用效果评估

防鸟护套通过增强导线相间、相对地的绝缘强度，降低了架空输电线路因鸟类活动发生闪络的可能性，防鸟效果稳定，对鸟巢类和鸟粪类涉鸟故障具有良好的防护效果，可以满足长期运行要求。但防鸟护套一般需要根据导线、金具形状、尺寸和电压等级设计定型，造价较高。此外，防鸟护套的防护效果与安装验收情况密切相关，安装防鸟护套时应采用整根安装，不应有接头，密封口朝下，防止雨水侵入。护套内径应与导线外径相匹配，护套底部和端部均应用常温硫化胶密封良好，需要注意安装后长时间风化对防鸟护套的磨损、密封口朝上导致的水汽侵入，将会对线路的安全稳定运行造成影响。（见【案例 4.2–3 】）。

3.3.2.2 组合应用效果评估

防鸟护套通常与防鸟挡板、防鸟罩或复合绝缘子大伞裙（单独增大复合绝缘子高、中、低压端伞裙尺寸，起到与防鸟罩相似的作用）配合使用，能起到鸟粪阻隔的双保险作用。防鸟护套与防鸟刺、防鸟针板、防鸟盒、防鸟挡板等防鸟装置组合应用时，能够加强对鸟粪类和鸟巢类涉鸟故障的防护范围（见【案例 4.7–2 】）。

3.3.2.3 应用建议

防鸟护套适用于 110~330kV 输电线路预防鸟粪类、鸟巢类和鸟体短接类故障，具有比较稳定的防鸟效果，常应用于涉鸟故障高发区域，但其安装工艺要求高、造价较高、安装技术要求高，且朝下的密封口不利于检查被包覆住金具的状态。安装防鸟护套前要做好检查，密封口朝下，避免断股隐患及下雨进水，搭接部位应重合。此外，需要注意安装后长时间运行导致的防鸟护套材料的老化现象。

3.3.3 防鸟针板应用效果评估及建议

3.3.3.1 单一应用效果评估

防鸟针板覆盖面积大、防鸟效果突出、适用于各种塔型，安装方便简单，可有效防止鸟类在杆塔处活动和筑巢。防鸟针板适用于 110~500kV 输电线路预防鸟粪类、鸟巢类故障。但防鸟针板造价较高，拆装不便，容易导致异物搭粘。

当因电气间隙不足或位置限制不能安装防鸟刺时，可安装防鸟针板进行防护。尤其当钢管杆以及耐张杆塔耐张串金具不能通过安装防鸟刺进行有效防护时，安装防鸟针板能起到较好效果，如图 3–17 和图 3–18 所示。对于近年来因小型鸟类造成的涉鸟故障跳闸，可安装具有更为密集刺针的防鸟针板进行防范。

| 图 3-17　伸缩式单排刺防鸟针板 | 图 3-18　耐张塔金具安装防鸟针板 |

根据钢针的排列方式不同，可分为单排刺、双排刺、三排刺和多排刺防鸟针板，分别应用于不同位置：横担主材上根据主材宽度采用三排刺或双排刺防鸟针板，横担辅材上根据辅材宽度采用双排刺或单排刺防鸟针板，地线支架可根据横担宽度安装防鸟针板。安装防鸟针板后能有效防护绝缘子挂点、引流线上方塔材，起到较好的涉鸟故障防治效果。

3.3.3.2　组合应用效果评估

采用防鸟针板可有效封堵绝缘子挂点或引流跳线上方空间，尤其对小型鸟类封堵效果明显。与其他防鸟装置组合应用，如采用防鸟护套包覆导线和金具、采用防鸟罩遮挡鸟粪等，能够进一步提高输电线路的涉鸟故障防治水平。

3.3.3.3　应用建议

防鸟针板覆盖面积大、安装方便，能够在线路正常运行时展开、线路检修时收缩，可避免固定式防鸟针板不利于检修作业的缺点（见【案例4.3-2】）。但防鸟针板造价较高，拆装不便，且在大风等异常天气下易粘接异物从而增加外破跳闸风险，因此，选择防鸟针板时应综合杆塔类型、所处环境、经济性等因素进行选型。安装时，水平主材上用大小能够覆盖挂点及附近大联板的防鸟针板进行封堵，根据横担主材宽度采用三排刺或双排刺防鸟针板，根据横担辅材宽度采用双排刺或单排刺防鸟针板，对于地线支架，可结合杆塔型式安装防鸟针板。防鸟针板可与防鸟刺、防鸟锥组合应用，有效防护绝缘子挂点、引流线上方塔材。

3.3.4 防鸟罩应用效果评估及建议

3.3.4.1 单一应用效果评估

防鸟罩适用于 110~220kV 输电线路预防鸟粪类故障，由于 330kV 及以上输电线路复合绝缘子结构高度高，相较于其他防鸟装置，在无风环境中使用防鸟罩能起到较好的防护效果，玻璃钢防鸟罩、金具式防鸟罩、均压环式防鸟罩的罩面相较于硅橡胶防鸟罩的直径更大，应用效果更好。

防鸟罩的罩面直径不满足相关规程要求（过小），水平倾角过小，都会对其防鸟性能造成影响。此外，防鸟罩造价较高，安装不规范时可能会在其上表面积累鸟粪，雨季时，鸟粪被大量冲刷下落可能造成绝缘子污闪跳闸。

3.3.4.2 组合应用效果评估

防鸟罩通常与防鸟刺组合应用，即在绝缘子挂点上方塔材安装足够数量且符合相关标准规范要求的防鸟刺外，在每相绝缘子挂点处安装防鸟罩。通过防鸟刺阻挡大部分鸟类在绝缘子挂点上方活动，当防鸟刺底座间隙较大或打开角度不足使得小型鸟类在其中活动排便时，防鸟罩可阻挡鸟粪下落从而起到更好的防护作用。防鸟罩与防鸟刺组合应用是最常见的应用形式，具体可见防鸟罩应用案例。

3.3.4.3 应用建议

防鸟罩能够有效阻挡鸟粪下落，防止其短接绝缘子上下均压环空气间隙，适用于 110~220kV 输电线路预防鸟粪类故障。但其造价较高，防鸟罩上表面可能积累鸟粪，在雨季鸟粪被大量冲刷下落可能造成绝缘子污闪跳闸。此外，硅橡胶防鸟罩不适用于风速较高的地区，除可能被横风撕裂外，还可能因大风导致其搭接在绝缘子伞裙上，缩短绝缘子爬电距离，增大绝缘子发生沿面闪络的概率。

3.3.5　防鸟挡板应用效果评估及建议

3.3.5.1　单一应用效果评估

防鸟挡板能够有效防止防护范围内的鸟粪滴落到绝缘子而引起短路的鸟粪类故障，但是在多块挡板的缝隙中，仍有可能出现树枝、杂草等筑巢材料下挂的现象。

3.3.5.2　组合应用效果评估

防鸟挡板与防鸟刺或防鸟针板组合应用时，防鸟挡板能够对防鸟刺的刺针间隙、防鸟刺间隙等防护空白点进行有效防护，阻挡鸟粪下落，防鸟刺则用于阻挡鸟类在横担及绝缘子挂点处排便或活动。

3.3.5.3　应用建议

防鸟挡板可大面积封堵宽横担，可以有效防止鸟粪下落引起的闪络故障，是现阶段仅次于防鸟刺应用规模的防鸟装置，通常与防鸟刺、防鸟护套等防鸟装置配合使用。但防鸟挡板造价较高、拆装不方便，雨季来临时可能因平时积累的鸟粪被大量冲刷下落导致绝缘子闪络。

3.3.6　驱鸟器应用效果评估及应用

3.3.6.1　单一应用效果评估

驱鸟器在架空输电线路中应用较广，单个驱鸟装置的保护范围较大，适用于预防输电线路鸟巢类、鸟粪类、鸟体短接类和鸟啄类故障。驱鸟器属电子类产品，电子产品在恶劣环境下长期运行使用，寿命不能得到保障，故障后需依靠设备供应商进行维修。驱鸟器安装初始阶段能够对鸟巢类涉鸟故障有较好的应用效果，随着使用时间延长，鸟类会对驱鸟器产生适应性，驱鸟器的驱鸟效果会随时间逐渐下降，因此驱鸟器的运行寿命相对较短。

3.3.6.2　组合应用效果评估

驱鸟器与防鸟刺组合应用于架空线路是最常见的防鸟措施之一，在一定时间周期内能起到优异的涉鸟故障防治效果。对于部分采用特殊型式杆塔或在投运初期未能有效安装其他类型防鸟装置的杆塔，采取"驱鸟器＋防鸟刺"的组合应用方式，"驱""防"结合，可有效防止鸟类在杆塔上筑巢、排便。而当驱鸟器因鸟类适应性逐渐增强导致驱鸟效果下降时，防鸟刺也能起到最基础的涉鸟故障防治作用，同时也为及时补装其他类型防鸟装置留出了较为充足的窗口时间。

驱鸟器在最初使用时效果显著，可用于全杆塔范围的涉鸟故障防治，此时可选择性安装其他类型防鸟装置作为补充。当使用时间变长，鸟类适应性增强，加之电子产品本身易受外界恶劣环境影响出现故障，其防鸟效果会快速下降甚至丧失，需要结合其他防鸟装置共同实现杆塔的防护。

3.3.6.3 应用建议

驱鸟器在架空输电线路中应用较广，单个驱鸟装置的保护范围较大，适用于预防输电线路鸟巢类、鸟粪类、鸟体短接类和鸟啄类故障。对于部分采用特殊型式杆塔或在投运初期未能有效安装其他类型防鸟装置的杆塔，可安装驱鸟器进行防护。但由于驱鸟器属于电子产品使用寿命受自然环境和电气环境影响较大，且维护保养成本较高。此外，鸟类会对驱鸟器产生适应性，驱鸟效果随时间增加会逐渐下降，一般运行寿命较短。安装时，应根据驱鸟器的保护范围和安装位置合理确定安装数量，安装后不应影响线路的电气安全及机械强度，不应影响线路的正常运行。采用太阳能供电的驱鸟器，其太阳能电池板的受光面应面向正南，板面应成 30° 左右下倾，确定最优安装位置，充分利用场地条件，按无遮挡原则选择安装位置，安装角度的选取应考虑纬度、积雪、风力等因素对太阳能组件的影响，安装后应检查驱鸟器工作是否正常。

4

典型防鸟装置
应用案例

架空输电线路涉鸟故障以鸟粪类涉鸟故障居多，运维单位多年持续开展涉鸟故障防治工作，以降低输电线路涉鸟故障跳闸率。根据线路运行情况，部分已安装防鸟装置的输电线路涉鸟故障防治效果未达到预期效果。通过统计分析典型防鸟装置的应用案例，总结评估各类放鸟装置的防护效果，为输电线路防鸟装置选型和运维提供指导。

4.1 防鸟刺应用案例

● 【案例4.1-1】

1. 输电线路概况

某110kV线路全长57.14km，杆塔共173基，于2016年5月25日投运。其中，1~43号杆塔处于鸟粪类故障Ⅱ级风险区域，该线路区段沿线以平原地形为主，多经过农田或草地，鸟类活动频繁。44~173号杆塔处于鸟粪类故障Ⅰ级风险区域，该线路区段沿线以山地地形为主，小型鸟类活动频繁，主要为喜鹊、鹰隼等鸟类。

2. 防鸟刺安装情况

该110kV线路全线输电杆塔均安装有防鸟刺（见图4-1）。

（1）双回路直线塔安装防鸟刺共40支，其中边相横担处各安装6支，中相横担处安装6支，地线支架安装2支。

（2）双回路耐张塔安装防鸟刺共58支，其中中相横担处安装防鸟刺9支，边相横担处各安装9支，地线支架安装2支。

图4-1 某110kV线路防鸟刺安装情况

3. 防护效果评估

该线路自2016年投运至今，位于鸟粪类故障Ⅱ级风险区域内的线路杆塔均未发生过涉鸟故障跳闸，位于鸟粪类故障Ⅰ级风险区域内的148号杆塔（双回路耐张塔，型号：JGU）在2019年8月2日5：05发生过一次鸟粪类故障。故障原因为鸥鹰（翅展长度950mm）落在148号耐张塔A相引流线上，在起飞时，身体短接了148号杆塔A相吊串防风偏绝缘子，引起引流线与横担电气距离不足，导致A相接地故障。

故障后在故障相又补装12支防鸟风镜，安装2台驱鸟器，填补了引流上方横担处存在的防鸟空白点。此后该条线路未发生过涉鸟故障跳闸。

● 【案例 4.1-2】

1. 输电线路概况

某330kV线路全长75.66km，杆塔共201基，于2010年9月投运。其中，55~70号杆塔处于鸟粪类故障Ⅱ级风险区域，1~54号杆塔、70~201号杆塔处于鸟粪类故障Ⅰ级风险区域。该线路所处地形为沙漠，气候类型为温带大陆性气候，常年主导风向为东南风，海拔1060m，线路呈东西走向，周边约20km范围无湖泊、湿地、河流等水源地。该输电线路通道典型环境如图4-2所示。

图 4-2　某 330kV 线路通道环境

2. 防鸟刺安装情况

该 330kV 线路全线输电杆塔均安装有防鸟刺。

（1）直线塔（同塔双回线路）安装防鸟刺共 41 支，其中边相各安装 10 支（绝缘子挂点上方安装 2 支），地线支架安装 2 支。

（2）耐张塔安装防鸟刺共 38 支，其中中相横担处安装防鸟刺 10 支，中相引流线绝缘子挂点上方横担安装防鸟刺 4 支。防鸟刺之间存在防鸟空隙，如图 4-3 所示。

图 4-3　某 330kV 线路防鸟刺安装情况

3. 防护效果评估

该线路自 2010 年投运至今，位于鸟粪类故障Ⅰ级区域内的线路杆塔均未发生过涉鸟故障跳闸，位于鸟粪类故障Ⅱ级风险区域内的 60 号杆塔（直线同

塔双回型塔，型号：SZ1-21）在2020年9月14日零点发生过一次鸟粪类故障。故障原因为60号杆塔仅安装了防鸟刺，防鸟措施单一，复合绝缘子挂点处受结构限制，仅在外侧安装2支钢绞线防鸟刺，存在防鸟空白点，未能有效防止鹰隼等小型鸟类在杆塔上栖息，鸟类在此处栖息排便，粪便下落短接A相复合绝缘子高、低压端均压环造成跳闸。

发生涉鸟故障跳闸的直线塔A相横担安装有新式防鸟刺8支（长针长度为700mm，中针长度为600mm，短针长度为500mm），但受塔型塔材的结构限制，只安装了2支钢绞线防鸟刺，存在可供鸟类栖息的空隙，对挂点大板和耐张金具串未能采取有效防护措施，未能及时安装防鸟针板、占位锥、防鸟护套和防鸟罩等防鸟装置，使得鸟类还有在导线上方栖息活动的空间，存在发生涉鸟故障的风险；夜间惊鸟活动仅在人员、车辆易到达的地区开展，在沙漠、山区等车辆人员不易抵达的地区未开展人工惊鸟活动，驱鸟未取得实际成效，无法有效防范鹰隼等小型鸟类也是重要原因之一。

后将地线支架上的防鸟刺更换为长刺针型并增加数量到4支，直线塔每相横担处也各补装了18支防鸟刺，耐张塔每项横担加装到25支鸟刺后，再未发生过涉鸟故障跳闸。

【案例4.1-3】

1. 输电线路概况

某330kV线路全长76.417km，杆塔共202基，于2006年5月投运。其中，1~120号杆塔处于鸟粪类故障Ⅱ级风险区域，121~200号杆塔处于鸟粪类故障Ⅰ级风险区域。1~120号杆塔线路区段沿线以平原地形为主，多经过农田、水库或草地，且线路沿线43km范围内有多个鱼塘、水库，鸟类活动频繁。该输电线路通道典型环境及鸟类在杆塔附近活动情况如图4-4所示。

图 4-4 某 330kV 线路通道环境及鸟类在杆塔附近活动情况

2. 防鸟刺安装情况

某 330kV 线路全线输电杆塔均安装有防鸟刺（见图 4-5）。

（1）直线酒杯塔安装防鸟刺共 280 支，其中边相各安装 6 支（绝缘子挂点上方安装 10~12 支），地线支架安装 4 支。

（2）直线拉线塔（门型）安装防鸟刺共 320 支，其中边相横担安装 6 支。

（3）耐张塔安装防鸟刺共 800 支，其中中相横担处安装防鸟刺 12 支，中相引流线绝缘子挂点上方横担安装防鸟刺 4 支。

图 4-5 某 330kV 线路防鸟刺安装情况

3. 防护效果评估

该线路自 2006 年投运以来，位于鸟粪类故障Ⅰ级风险区域内的线路杆塔均未发生过涉鸟故障，位于鸟粪类故障Ⅱ级风险区域内的 26 号杆塔（耐张塔，型号：JG1-21.5）在 2020 年 1 月 23 日 4：18 发生过一次鸟粪类故障。故障

原因为灰鹳凌晨时在 26 号杆塔地线支架上排便，大量的鸟粪沿复合绝缘子伞裙表面下落形成长拉丝，最终造成绝缘子表面贯通式击穿，短接了横担及导线侧均压环（高压端）间电气间隙，造成线路跳闸。

上述涉鸟故障表明，地线支架因不在绝缘子挂点正上方，成为防鸟空白点，而导致此次故障的原因除地线支架上防鸟刺安装数量不足外，刺针长度选择不当，无法有效防范长腿大型鸟也是重要原因之一。后将地线支架上的防鸟刺更换为长刺针型并增加数量到 3 支，边相横担处也各补装了 5 支防鸟刺后，再未发生过涉鸟故障。

● 【案例 4.1-4】

1. 输电线路概况

某 110kV 线路全长 30.244km，杆塔共 85 基，于 1997 年 9 月投运。其中，28~38 号杆塔、46~50 号杆塔处于鸟粪类故障Ⅱ级风险区域，其余杆塔处于鸟粪类故障Ⅰ级风险区域。全线线路以山地为主，线路沿线穿越丹江河，鸟类活动频繁。该线路通道环境如图 4-6 所示。

图 4-6　某 110kV 线路通道环境

2. 防鸟刺安装情况

该 110kV 线路全线输电杆塔均安装有防鸟刺，直线酒杯塔安装防鸟刺共 5~9 支，其中边相各安装 1~2 支，中相安装 3~5 支；耐张塔（YJ1/2）安装防鸟刺 4 支，中相跳线不少于 2 支防鸟刺，跳线上方地线处不少于 1 支，两边相根据横担宽度及转角情况确定安装数量，最少不得少于 1 支；耐张塔（"干"字型塔）安装不少于 5 支，跳线处不少于 2~3 支防鸟刺，两边相根据横担宽度及转角情况确定安装数量，最少不得少于 1 支。防鸟刺安装情况如图 4-7 所示。

图 4-7 某 110kV 线路防鸟刺安装情况

3. 防护效果评估

根据相关的标准规范及最新的防鸟刺安装作业指导书，该线路杆塔所安装防鸟刺的位置、数量、打开角度均满足要求，且均为新型冷拔钢丝防鸟刺，具有优异的防腐蚀性能。

该线路自 1997 年投运以来，位于鸟粪类故障Ⅰ级和Ⅱ级风险区域内的线路杆塔均未发生过涉鸟故障。

【案例 4.1-5】

1. 输电线路概况

某 110kV 线路全长 27.766km，杆塔共 108 基，于 2001 年 11 月投运。

1~27号杆塔处于鸟粪类故障Ⅱ级风险区域，28~93号杆塔处于鸟粪类故障Ⅰ级风险区域，94~108号杆塔处于鸟粪类故障Ⅲ级风险区域。94~108号杆塔线路区段沿线以平原地形为主，多经过农田或草地，鸟类活动频繁。

2. 防鸟刺安装情况

该110kV线路全线输电杆塔均安装有防鸟刺（见图4-8），其中，直线杆塔加装14支、耐张杆塔加装6支，共计加装1184支防鸟刺。

图4-8　某110kV线路防鸟刺安装情况

3. 防护效果评估

该线路自2001年投运以来，位于鸟粪类故障Ⅰ级、Ⅱ级和Ⅲ级风险区域内的线路杆塔均未发生过涉鸟故障。2016年通过对该110kV线路1~108号杆塔全线老旧、失效防鸟刺进行更换，防止鸟害闪络事故的发生，提升设备使用寿命，提高工作效率，确保线路稳定运行。

【案例4.1-6】

1. 输电线路概况

某110kV线路全长34.59km，杆塔共110基，于2009年5月投运。1~36号杆塔处于鸟粪类故障Ⅱ级风险区域，37~75号杆塔处于鸟粪类故障Ⅲ级风险区域，76~110号杆塔处于鸟粪类故障Ⅱ级风险区域。其中，37~75号线路区段沿线以平原地形为主，多经过农田或草地，鸟类活动频繁。该输电线路通道环境如图4-9所示。

图 4-9 某 110kV 线路通道环境

2. 防鸟刺安装情况

该 110kV 线路已安装防鸟刺的杆塔为 1 号、6 号、8 号、11~12 号、15~16 号、20 号、22 号、24 号、26~33 号、38~42 号、45~49 号、51~54 号、61~73 号、82~85 号、90 号、92 号、95 号、103~104 号、105~110 号，其中单回路铁塔每基加装 27 支，双回路铁塔每基加装 48 支，施工损耗预留 9 支，共计防鸟刺 1920 支。图 4-10 为该 110kV 线路防鸟刺安装情况。

图 4-10 某 110kV 线路防鸟刺安装情况

3. 防护效果评估

该线路自 2009 年投运以来，位于鸟粪类故障 Ⅰ 级和 Ⅱ 级风险区域内的线路杆塔均未发生过涉鸟故障跳闸，位于鸟粪类故障 Ⅲ 级风险区域内的 71 号塔（直线猫头型塔，型号：ZM1）在 2019 年 7 月 27 日 6：05 发生过一次鸟粪类故障。故障是由 71 号杆塔 B 相大号侧绝缘子串鸟粪闪络造成的。

上述涉鸟故障表明，防鸟刺安装数量不足、绝缘子挂点上方未安装防鸟刺，致使出现了防鸟空白点，是导致此次涉鸟故障的主要原因。此外，故障杆塔上防鸟刺的刺针长度选择不当，无法有效防范长腿大型鸟也是导致故障的重要原因。故障发生后，运维人员在故障杆塔的故障相补装防鸟刺 3 支，在边相横担处各补装了 5 支防鸟针板后，该线路至今再未发生过涉鸟故障。

4.2 防鸟护套应用案例

【案例 4.2-1】

1. 输电线路概况

某 110kV 线路全长 14.942km，杆塔共 58 基，于 2015 年 10 月投运。1~58 号杆塔处于鸟粪类故障 Ⅱ 级风险区域，线路区段沿线以平原地形为主，多经过林场及农田，鸟类活动频繁。该 110kV 线路杆塔全塔及线路通道环境如图 4-11 所示。

图 4-11 某 110kV 线路杆塔全塔及线路通道环境

2. 防鸟护套安装情况

该110kV线路全线输电杆塔均安装有防鸟护套（见图4-12）。

图4-12　某110kV线路输电杆塔防鸟护套安装情况

3. 防护效果评估

某110kV线路全线处于鸟粪类故障Ⅱ级风险区域，按照防鸟护套安装规范标准进行全线安装后，一直未发生过涉鸟故障跳闸，在几次检修中均发现在防鸟护套上有鸟粪残留的痕迹，防护效果良好。

【案例4.2-2】

1. 输电线路概况

某220kV线路全长12.892km，杆塔共54基，于2003年11月投运。其中，24~54号杆塔处于鸟粪类故障Ⅱ级风险区域，1~23号杆塔处于鸟粪类故障Ⅲ级风险区域。其中，1~54号杆塔线路区段沿线以平原地形为主，多经过农田、湿地，且线路沿线3km范围内有多个鱼塘，鸟类活动频繁。该输电线路通道环境如图4-13所示。

图4-13　某220kV线路通道环境

2. 防鸟护套安装情况

该 220kV 线路 1~23 号输电杆塔均安装有防鸟护套，24~54 号杆塔未安装绝缘护套。直线塔和耐张塔绝缘护套安装情况如图 4-14 所示。

图 4-14　直线塔和耐张塔绝缘护套安装情况

3. 防护效果评估

该线路自 2003 年投运以来，位于鸟粪类故障Ⅱ级风险区域内的线路杆塔均未发生过涉鸟故障跳闸，位于鸟粪类故障Ⅲ级风险区域内的 14 号杆塔（直线同塔双回型塔，型号：SZ1）在 2021 年 4 月 3 日 6：34 发生过一次鸟体短接类故障。故障原因：早晨 6：34，鹰隼在飞行过程中穿越导线与横担时，翅膀全部展开后短接挡鸟板金属挂钩与防震锤之间的空气间隙，导致防震锤与挡鸟板金属挂钩放电，造成故障跳闸，鹰隼瞬间被强电流击中灼烧后死亡，掉落在故障杆塔下方。

上述涉鸟故障跳闸表明，14 号杆塔全塔加装防鸟刺 168 支，每相均加装挡鸟板、线夹盒、绝缘护套、涂抹驱鸟剂，合计 5 项措施，防鸟刺安装密集，刺针穿插交错布置，故障绝缘子上方安装挡鸟板防护有效，绝缘子护套和线夹盒对导线起到了绝缘包覆作用，有效防范了鸟粪类涉鸟故障，但是无法有效防范鸟体短接类故障。

【案例 4.2-3】

1. 输电线路概况

某 110kV 线路全长 6.029km，杆塔共 23 基，于 2005 年 2 月投运。1~23 号杆塔处于鸟粪类故障Ⅲ级风险区域，线路区段沿线以平原地形为主，经过农田、湿地和草地，并且经过金沙岛景区水源地，且线路沿线 3km 范围内有多个鱼塘，鸟类活动频繁。

2. 防鸟护套安装情况

该 110kV 线路跨越旅游景区，输电杆塔均安装防鸟护套，14~20 号杆塔共计安装 21 套。

3. 防护效果评估

该线路自 2016 年投运以来，位于鸟粪类故障Ⅱ级风险区域内的线路杆塔均未发生过涉鸟故障。但运行时间过长，风化情况比较严重，耐张引流处线夹未完全包裹严密，存在一定的涉鸟故障跳闸风险。

【案例 4.2-4】

1. 输电线路概况

某 110kV 线路全长 5.196km，杆塔共 24 基，于 2006 年 5 月 24 日投运。全线处于鸟粪类故障Ⅱ级风险区域，该线路区段沿线以平原地形为主，多经过农田或市区，鸟类活动频繁。

2. 防鸟护套安装情况

该 110kV 线路全线输电杆塔均安装有防鸟护套，共计安装 144 套。

3. 防护效果评估

该线路自 2006 年投运以来，位于鸟粪类故障Ⅱ级风险区域内的线路杆塔均未发生过涉鸟故障。但运行时间过长，风化情况比较严重，耐张引流处线

夹未完全包裹严密，存在一定的涉鸟故障跳闸风险。

4.3 防鸟针板应用案例

【案例4.3-1】

1. 输电线路概况

某 110kV 线路全长 13.049km，杆塔共 46 基，于 2005 年 4 月投运。其中，1~31 号杆塔处于鸟粪类故障Ⅱ级风险区域，32~46 号杆塔处于鸟粪类故障Ⅰ级风险区域。1~31 号线路区段沿线以平原地形为主，多经过农田、湿地或草地，且线路沿线 3km 范围内水源较多，鸟类活动频繁。

2. 防鸟针板安装情况

该 110kV 线路 1~29 号耐张输电杆塔安装有防鸟针板（见图 4-15），其中，双回路耐张塔下相、中相横担共安装 32 支。

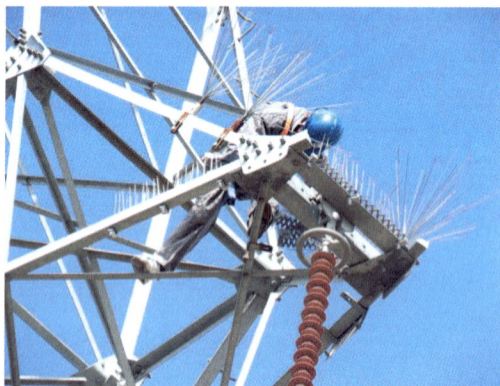

图 4-15 某 110kV 线路防鸟针板安装情况

3. 防护效果评估

该线路自 2005 年投运以来，位于鸟粪类故障Ⅰ级风险区域内的线路杆塔均未发生过涉鸟故障。在该线路不能安装防鸟罩、防鸟挡板、防鸟刺的原因为：①位于鸟粪类故障Ⅱ级风险区域内的 24 号耐张塔横担处有鸟粪，鸟类活动频繁，但因绝缘子为瓷质的，无法安装防鸟罩；②因横担结构，安装防鸟挡板不稳定，反而容易演变成隐患；③因距上方引流线安全距离有限，安装防鸟刺会导致安全距离不足。后在绝缘子正上方安装防鸟针板，在横担下盖安装短刺型防鸟刺，让鸟类难以停留，配合安装后，经观察，横担处无鸟类活动。

【案例 4.3-2】

1. 输电线路概况

某 110kV 线路全长 64.097km，杆塔共 213 基，于 1995 年 12 月投运。其中，1~47 号杆塔处于鸟粪类故障Ⅱ级风险区域，48~213 号杆塔处于鸟粪类故障Ⅰ级风险区域。其中，1~47 号杆塔线路区段沿线以平原地形为主，多经过农田、湿地或草地，且线路沿线 3km 范围内水源较多，鸟类活动频繁。该输电线路通道环境及鸟类在杆塔上活动情况如图 4-16 所示。

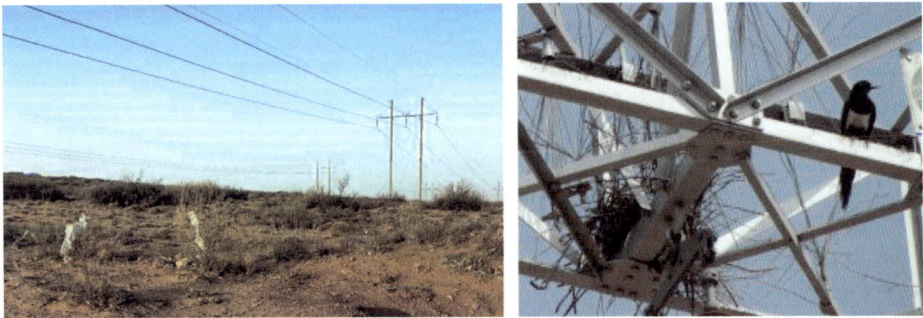

图 4-16　某 110kV 线路通道环境及鸟类在杆塔上活动情况

2. 防鸟针板安装情况

该 110kV 线路 48~213 号耐张输电杆塔安装有防鸟针板，其中，耐张塔绝缘子上方共安装 64 支。

3. 防护效果评估

该线路自 1995 年投运以来，位于鸟粪类故障Ⅱ级风险区域内的线路杆塔

均未发生过涉鸟故障。位于鸟粪类故障Ⅰ级风险区域内的106号等耐张塔横担处有鸟粪，鸟类活动频繁，原因为横担结构，安装防鸟刺布局不能布满整个空间，中小型鸟类可以钻越。后在防鸟刺空白处安装防鸟针板，鸟类难以停留，经观察横担处无鸟类活动。

【案例4.3-3】

1. 输电线路概况

某110kV线路全长51.6km，杆塔共111基，于2021年1月投运。其中，1~29号杆塔处于鸟粪类故障Ⅱ级风险区域，30~111号杆塔处于鸟粪类故障Ⅰ级风险区域。其中，1~29号杆塔线路区段沿线以平原地形为主，多经过农田、林地，且线路沿线3km范围内水源较多，鸟类活动频繁。

2. 防鸟针板安装情况

该110kV线路全线耐张输电杆塔安装有防鸟针板，其中，耐张塔绝缘子上方共安装63支。

3. 防护效果评估

根据相关的标准规范及最新的防鸟装置安装作业指导书，该线路杆塔所安装防鸟针板安装工艺满足要求，针刺均为新型钢丝，具有优异的防腐蚀性能。

该线路自投运至今，位于鸟粪类故障Ⅰ级和Ⅱ级风险区域内的线路杆塔均未发生过涉鸟故障。

【案例4.3-4】

1. 输电线路概况

某110kV线路全长9.81km，杆塔共41基，于2014年2月投运。其中，1~41号杆塔处于鸟粪类故障Ⅰ级风险区域。1~41号杆塔线路区段沿线以平原地形为主，多经过农田或草地，且线路沿线 3km 范围内有多个鱼塘，鸟类活动频繁。该输电线路通道环境如图 4-17 所示。

图 4-17　某 110kV 线路通道环境

2. 防鸟针板安装情况

该 110kV 线路全线输电杆塔均安装有防鸟刺、防鸟针板（见图 4-18），其中，直线塔安装防鸟针板共 40 支，其中边相各安装 10 支，地线支架安装 2 支防鸟刺；直线钢管杆安装防鸟针板共 21 支，其中边相横担各安装 7 支。

图 4-18　某 110kV 线路防鸟针板安装情况

3. 防护效果评估

该线路自投运以来，位于鸟粪类故障Ⅰ级风险区域，未发生过涉鸟故障，安装针板后线路鸟窝同期数量下降60%，杆塔鸟粪痕迹明显减少。

4.4 防鸟罩应用案例

【案例4.4-1】

1. 输电线路概况

某110kV线路全长13.049km，杆塔共46基，于2005年4月投运。1~31号杆塔处于鸟粪类故障Ⅱ级风险区域，32~46号杆塔处于鸟粪类故障Ⅰ级风险区域。其中，1~31号杆塔所处线路区段沿线以平原地形为主，多经过农田、湿地或草地，且线路沿线3km范围内水源较多，鸟类活动频繁。

2. 防鸟罩安装情况

该110kV线路全线输电杆塔均安装有防鸟罩（见图4-19），其中，双回路直线塔安装防鸟罩共216套；双回路耐张塔绝缘子挂点上方安装6套。

图4-19 某110kV线路防鸟罩安装情况

3. 防护效果评估

该线路自2005年投运以来，位于鸟粪类故障Ⅰ级和Ⅱ级风险区域内的线路杆塔均未发生过涉鸟故障跳闸。

【案例 4.4-2】

1. 输电线路概况

某 110kV 线路全长 16.11km，杆塔共 64 基，于 2006 年 3 月投运。其中，1~64 号杆塔处于鸟粪类故障Ⅱ级风险区域。1~64 号杆塔所处线路区段沿线以平原地形为主，多经过农田、湿地或草地，且线路沿线 3km 范围内水源较多，鸟类活动频繁。该输电线路通道环境如图 4-20 所示。

2. 防鸟罩安装情况

该 110kV 线路全线输电杆塔均安装有防鸟罩（见图 4-21），其中，双回路直线塔安装防鸟罩共 48 套；直线猫头塔安装防鸟罩共 36 套；耐张塔吊串处安装 6 套。

图 4-20　某 110kV 线路通道环境

图 4-21　某 110kV 线路防鸟罩安装情况

3. 防护效果评估

该线路自 2006 年投运以来，位于鸟粪类故障Ⅱ级风险区域内的线路杆塔均未发生过涉鸟故障跳闸。

1. 输电线路概况

某 110kV 线路全长 24.558km，杆塔共 102 基，于 2011 年 9 月投运。其中，1~44 号杆塔处于鸟粪类故障Ⅱ级风险区域，45~102 号杆塔处于鸟粪类故障Ⅰ级风险区域。1~29 号杆塔所在线路区段沿线以平原地形为主，多经过林地或草地，且线路沿线 3km 范围内有水源地，鸟类活动较为频繁。该输电线路通道环境如图 4-22 所示。

2. 防鸟罩安装情况

该 110kV 线路全线输电杆塔均安装有防鸟罩（见图 4-23），其中，双回路直线塔安装防鸟罩共 234 套；直线猫头塔安装防鸟罩共 39 套；直线拉门塔安装防鸟罩共 30 套；直线混凝土杆安装防鸟罩共 246 套；耐张塔绝缘子挂点上方安装 6 套。

图 4-22　某 110kV 线路通道环境

图 4-23　某 110kV 线路输电杆塔防鸟罩安装情况

3. 防护效果评估

该线路自 2011 年投运以来，位于鸟粪类故障Ⅱ级风险区域内的线路杆塔均未发生过涉鸟故障跳闸。位于鸟粪类故障Ⅰ级风险区域内的 84 号杆塔（直线拉线门型塔，型号：ZLMT）在 2020 年 6 月 25 日防鸟罩松动，造成绝缘子损伤。原因为安装防鸟罩时，螺栓紧固过度，导致固定在绝缘子芯棒处的压板因长时间的应力疲劳而断裂。

上述防鸟罩缺陷表明，安装防鸟装置时，螺栓紧固过度或者紧固不到位，在外界风力影响下，防鸟罩振动会导致压板断裂或者螺栓松动，发生防鸟罩松动现象。后按照要求的工艺进行安装，再未发生过防鸟罩松动情况。

【案例 4.4-4】

1. 线路概况

某 110kV 线路全长 10.621km，杆塔共 28 基，于 2011 年 1 月投运。其中，3~20 号杆塔处于鸟粪类故障Ⅲ级风险区域，21~28 号杆塔处于鸟粪类故障Ⅱ级风险区域，1~2 号杆塔处于鸟粪类故障Ⅰ级风险区域。全线路沿线以山地地形为主，多经过村庄、耕地，且线路沿线 3km 范围内鸟类活动频繁。该输电线路通道环境如图 4-24 所示。

图 4-24　某 110kV 线路通道环境

2. 防鸟罩安装情况

该 110kV 线路全线输电杆塔直线塔悬垂串上方均安装有防鸟罩，共计安

装 69 支；耐张塔中相引流线吊串每串绝缘子串挂点上方安装防鸟罩 1 支，共 11 支，防鸟罩安装情况如图 4-25 所示。

图 4-25　某 110kV 线路直线塔与耐张塔的防鸟罩安装情况

3. 防护效果评估

2012 年 4 月，在该线路直线塔及耐张塔中相吊串绝缘子串上方安装了大直径硅橡胶防鸟罩，该防鸟罩直径 600mm，保护范围达到绝缘子长度的 98% 以上，能有效防止鸟粪流入到复合绝缘子伞裙上发生短路放电，但由于长期暴露在空气中，受雨淋暴晒等外在因素影响，大部分使用时间超过 2 年的防鸟罩伞裙向下向内弯曲收缩，防鸟粪闪络效果降低，而且在下雨时，其表面积尘短时倾斜冲刷落下，容易短接空气间隙或导致绝缘子污闪。

该线路自 2011 年投运以来，位于鸟粪类故障 Ⅱ 级区域内的线路杆塔均未发生过涉鸟故障跳闸，位于鸟粪类故障 Ⅲ 级风险区域内的 16 号杆塔［单回直线型塔，型号：7810（23.7）］在 2015 年 7 月 4 日 1：57 发生过一次鸟粪类故障。故障原因为鸟类在 110kV 金北 Ⅱ 线 16 号杆塔 B 相（中相）铁塔上方角钢上休息时，排泄的粪便落到防鸟罩上，造成防鸟罩向下弯曲，使鸟粪沿防鸟罩斜面流落到均压环及导线，瞬间形成放电通道，造成短路闪络。双串复合绝缘子伞裙、均压环、悬垂线夹、导线及防鸟罩上有鸟粪痕迹，其中，伞裙、芯棒及均压环上均有放电痕迹。复合绝缘子上安装有防鸟罩，防鸟罩已变形、脱落至绝缘子中部，横担角钢上未发现鸟类筑巢现象，角钢基本干净。

上述涉鸟故障表明，绝缘子挂点正上方安装的硅橡胶防鸟罩，虽然具有重量轻、防鸟粪范围大的特点，短时防范鸟粪闪络效果明显，但是长期使用易出现变形、脱落情况，防鸟粪闪络效果降低，甚至失去防鸟粪闪络作用。

【案例 4.4-5】

1. 输电线路概况

某 110kV 线路Ⅰ回全长 20.589km，Ⅱ回全长 20.538km；Ⅰ回杆塔共 71 基，Ⅱ回杆塔共 70 基；两条线路在同一通道内平行运行。该线路Ⅰ回于 1996 年 11 月投运，其中，41~60 号杆塔区段处于鸟粪类故障Ⅱ级风险区域；该线路Ⅱ回于 2010 年 8 月投运，其中，40~61 号杆塔区段处于鸟粪类故障Ⅱ级风险区域；Ⅰ回 41~60 号杆塔、Ⅱ回 40~61 号杆塔所处线路区段沿线以山地地形为主，多经过无人区、河边地，且线路沿线有河流，鸟类活动频繁。

2. 金具式防鸟伞罩安装情况

该 110kV 线路全线输电杆塔均安装有防鸟刺、防鸟风车，直线塔复合绝缘子上方全部加装 ϕ 为 300 的玻璃大盘径绝缘子，但是该线路途经防鸟重点区域，运维人员在巡视过程中发现该区段杆塔上遗留大量的鸟粪，在位于防鸟重点区域的线路Ⅰ回 41~60 号杆塔区段内 13 基直线杆塔安装金具式防鸟伞罩 13 套，在线路Ⅱ回 40~61 号杆塔区段内 13 基直线杆塔安装金具式防鸟伞罩 12 套。该 110kV 线路直线塔防鸟罩安装情况如图 4-26 所示。

图 4-26　某 110kV 线路直线塔防鸟伞罩安装情况

3.防护效果评估

这两条线路自投运以来，位于鸟粪类Ⅱ级风险区域内的线路杆塔均未发生过涉鸟故障跳闸。

● 【案例4.4-6】

1.输电线路概况

某110kV线路全长111km，杆塔共223基，于2011年6月投运。1~90号杆塔处于鸟粪类故障Ⅱ级风险区域，140~223号杆塔处于鸟粪类故障Ⅲ级风险区域，90~140号杆塔处于鸟粪类故障Ⅰ级风险区域。全线位于草原地区，鸟类活动频繁。该线路通道环境如图4-27所示。

图4-27 某110kV线路通道环境

2.防鸟罩安装情况

该110kV线路全线直线杆塔均安装有防鸟罩（见图4-28），直线猫头塔安装防鸟罩共3组，其中边相各安装2组，中相安装1组。

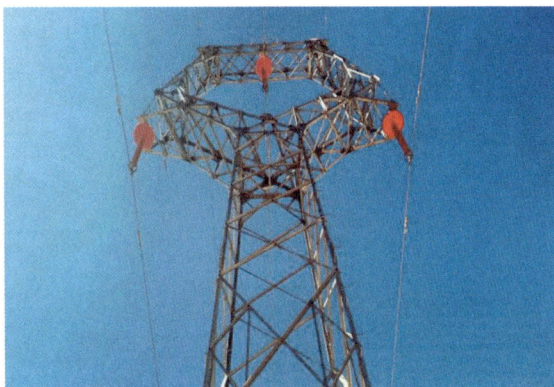

图 4-28　某 110kV 线路防鸟罩安装情况

3. 防护效果评估

该线路自投运以来，位于鸟粪类故障Ⅲ级和Ⅱ级风险区域内的线路杆塔均未发生过涉鸟故障跳闸，位于鸟粪类故障Ⅰ级风险区域内的135号杆塔（直线猫头塔，型号：1A5-ZM1-21）在2018年9月29日6：52发生过一次鸟粪类故障。故障原因为鹰隼凌晨时在空中排便，大量的鸟粪沿复合绝缘子伞裙表面下落形成长拉丝，短接了横担及导线侧均压环（高压端）间电气间隙，导致绝缘子表面贯通式击穿，造成线路跳闸。

上述涉鸟故障为未安装防鸟罩时发生的故障，自2019年安装防鸟罩后，未发生涉鸟故障跳闸。

4.5　防鸟挡板应用案例

【案例 4.5-1】

1. 输电线路概况

某110kV线路全长5.855km，杆塔共24基，于2012年5月投运。其中，1~24号杆塔处于鸟粪类故障Ⅰ级风险区域。线路区段沿线以平原地形为主，多经过林地或草地，且线路沿线3km范围内有水源地，鸟类活动频繁。该线

路通道环境如图 4-29 所示。

图 4-29　某 110kV 线路通道环境

2.防鸟挡板安装情况

该 110kV 线路全线直线输电杆塔均安装有防鸟挡板（见图 4-30），其中，双回路直线塔安装防鸟挡板共 3 套；直线猫头塔安装防鸟挡板共 6 套；直线拉门塔安装防鸟罩共 24 套。

图 4-30　某 110kV 线路防鸟挡板安装情况

3. 防护效果评估

该线路自 2012 年投运以来，位于鸟粪类故障 Ⅰ 级风险区域内的线路杆塔均未发生过涉鸟故障跳闸。

● 【案例 4.5-2】

1. 输电线路概况

某 110kV 线路全长 26.971km，杆塔共 85 基，于 2015 年 12 月投运。其中，1~52 号杆塔处于鸟粪类故障 Ⅱ 级风险区域，53~85 号杆塔处于鸟粪类故障 Ⅰ 级风险区域。1~52 号杆塔所处线路区段沿线以平原地形为主，多经过农田、林地或草地，且线路沿线 3km 范围内有水源地，鸟类活动频繁。该输电线路杆塔防鸟挡板正上方鸟类筑巢情况如图 4-31 所示。

图 4-31 某 110kV 线路杆塔防鸟挡板正上方鸟类筑巢情况

2. 防鸟挡板安装情况

该 110kV 线路 11~49 号直线输电杆塔均安装有防鸟挡板，其余安装的为防鸟罩，该段中，直线猫头塔安装防鸟挡板共 36 套，直线拉门塔安装防鸟罩共 111 套。

3.防护效果评估

该线路自 2015 年投运以来，位于鸟粪类故障Ⅰ级风险区域内的线路杆塔均未发生过涉鸟故障。位于鸟粪类故障Ⅱ级风险区域内的 45 号杆塔（直线拉线门型塔，型号：ZLMT）在 2019 年多次发生喜鹊等大型鸟类在防鸟挡板正上方筑巢的现象。具体原因为安装的防鸟挡板刚好给鸟类筑巢搭建了平台，防鸟挡板正上方活动空间较大，鸟类筑巢更为方便。

鸟类多次在防鸟挡板上筑巢的现象表明，防鸟挡板的安装为鸟类筑巢提供了便利，同时由于未与其他防鸟装置配合使用，导致防鸟效果下降。后在绝缘子上方安装防鸟挡板、挡板上方安装防鸟刺，防鸟刺完全打开，布满整个空间，两种不同的防鸟装置配合使用后，再未发生过鸟类在防鸟挡板上方筑巢情况。

● 【案例 4.5-3】

1.输电线路概况

某 220kV 线路全长 26.5km，杆塔共 76 基，于 2003 年 4 月投运。1~76 号杆塔均处于鸟粪类故障Ⅰ级风险区域。沿线以平原地形为主，多经过农田，且线路沿线鸟类活动频繁。该输电线路通道环境及鸟类在杆塔上活动情况如图 4-32 所示。

图 4-32　某 220kV 线路通道环境及鸟类在杆塔上活动情况

第四章

2. 防鸟刺安装情况

该 220kV 线路全线输电杆塔均安装有防鸟刺（见图 4-33）。

（1）直线酒杯塔安装防鸟刺共 70 支，其中边相各安装 18 支（绝缘子挂点上方安装 28 支），地线支架安装 6 支。

（2）拉门塔安装防鸟刺共 60 支，其中边相横担安装 18 支，中相 24 支。

（3）耐张塔安装防鸟刺共 40 支，其中中相横担处安装防鸟刺 8 支，中相引流线绝缘子挂点上方横担安装防鸟刺 5 支。

图 4-33　某 220kV 线路杆塔防鸟刺安装情况

3. 防护效果评估

该线路自 2003 年投运以来，位于鸟粪类故障Ⅰ级风险区域内的 50 号杆塔（直线酒杯型塔，型号：Z2）在 2019 年 10 月 16 日 5：52 发生过一次鸟粪类故障。故障原因为鸟类栖息在 50 号杆塔 B 相横担上，鸟类在起飞过程中排泄粪便，快速飞经中相挂线点上方时，粪便下落拉长短接绝缘子上下均压环电气间隙，导致线路跳闸。

上述涉鸟故障表明，鸟类活动空中排粪短接绝缘子上下均压环，而导致此次故障的原因主要是挂点无有效阻挡鸟粪下落的措施。后将各个横担均安装防鸟挡板（见图 4-34），再未发生涉鸟故障跳闸。

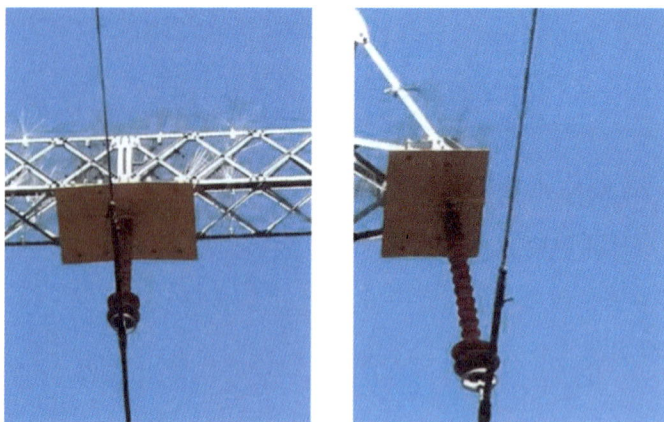

图 4-34 某 220kV 线路杆塔中相、边相横担防鸟挡板安装效果图

【案例 4.5-4】

1. 输电线路概况

某 330kV 线路全长 43.34km，杆塔共 131 基，于 2020 年 12 月投运。其中，1~35 号杆塔处于鸟粪类故障Ⅰ级风险区域，36~131 号杆塔处于鸟粪类故障Ⅲ级风险区域。其中，36~131 号杆塔所在线路区段沿线以平原地形为主，多经过农田、河流或戈壁，且线路沿线 10km 范围内都种植玉米等农作物，鸟类活动频繁。该输电线路通道环境及鸟类在杆塔上活动情况如图 4-35 所示。

图 4-35 某 330kV 线路通道环境及鸟类在杆塔上活动情况图

2.防鸟挡板安装情况

该 330kV 线路Ⅲ级风险区输电杆塔均安装有防鸟挡板 9 基,其中,直线酒杯塔安装防鸟挡板共 18 块,位置均为中相复合绝缘子挂点上方。

3.防护效果评估

该线路杆塔所安装防鸟挡板的位置、数量均满足要求,且均为高强度绝缘板(聚碳酸脂),具有优异的耐碱性、耐酸性和耐溶性。

该线路自 2020 年投运以来,位于鸟粪类故障Ⅰ级和Ⅲ级风险区域内的线路杆塔均未发生过涉鸟故障跳闸。

● 【案例 4.5-5】

1.输电线路概况

某 330kV 线路全长 77.354km,杆塔共 190 基,于 2009 年 8 月投运。全线处于鸟粪类故障Ⅰ级风险区域。图 4-36 为该线路通道环境。

图 4-36 某 330kV 线路通道环境

2.防鸟挡板安装情况

该 330kV 线路 81~89 号输电杆塔安装有防鸟挡板,其中,直线塔三相安

装防鸟挡板共 3 块，耐张塔在跳线绝缘子挂点横担处安装防鸟挡板 1 块。

3. 防护效果评估

该 330kV 线路自 2009 年投运以来，全线位于鸟粪类故障Ⅰ级风险区域。87 号杆塔（紧凑型直线酒杯型塔，型号：ZMT2-34）在 2020 年 7 月 20 日 9：20 发生过一次鸟粪类故障。故障原因为大型迁徙候鸟晨时在 87 号杆塔中相横担上方排便，大量的鸟粪沿复合绝缘子伞裙表面下落形成长拉丝，短接了横担及导线侧均压环（高压端）间电气间隙，造成绝缘子表面贯通式击穿，导致线路跳闸。

上述涉鸟故障表明，全线绝缘子因安装有均压环，缩短了其有效绝缘长度，增大了绝缘子因鸟粪下落导致的空气间隙击穿概率。另外直线塔中相防鸟刺刺针长度选择不当，无法有效防范长腿大型鸟也是导致线路发生涉鸟故障跳闸的重要原因之一。后将全线绝缘子屏蔽环进行拆除，在鸟类活动频繁地段三相横担处也补装了防鸟挡板（见图 4-37），再未发生过鸟害故障。

图 4-37　330kV 线路故障杆塔防鸟挡板安装情况

【案例 4.5-6】

1. 输电线路概况

某 220kV 线路 40 号塔塔型为 GJ1，B 相横担安装了 9 支防鸟刺，绝缘子为 FXBW-220/100 防覆冰型复合绝缘子，导线型号为 LGJ-400/30。线路位于平原地区，附近为农田，40~41 号杆塔跨越排污河，距离 1.5km 处为塔桥湾水库。鸟类活动频繁。该线路通道环境如图 4-38 所示。

图 4-38　故障杆塔及周边环境

2. 防鸟挡板安装情况

该 220kV 线路处于Ⅲ级风险区的输电杆塔均安装有防鸟挡板，其中，直线塔安装防鸟挡板共 20 块，位置均为边相合成绝缘子挂点上方。

3. 防护效果评估

该 220kV 线路已安装的防鸟装置多为老式防鸟刺和防鸟挡板，老式防鸟刺普遍存在打开角度不够、安装位置不准确、有效屏蔽半径不满足规范要求、失效等问题。防鸟挡板防护半径不满足规程要求，部分存在未加装小挡板的问题，导致鸟粪易沿防鸟挡板空隙流下造成绝缘子闪络。有时安装完成后，运维单位没有针对防鸟害装置有效性开展验收工作，导致防护效果欠佳。

4.6　驱鸟器应用案例

【案例 4.6-1】

1. 输电线路概况

某 330kV 线路全长 82.259km，杆塔共 222 基，于 2013 年 6 月投运。其

中，18~32 号杆塔处于鸟粪类故障Ⅱ级风险区域，80~93 号杆塔处于鸟粪类故障Ⅲ级风险区域，1~32 号杆塔所在线路区段沿线以平原地形为主，多经过农田、湿地或草地，且线路沿线 3km 范围内有多个鱼塘，鸟类活动频繁。该线路通道环境如图 4-39 所示。

图 4-39　某 330kV 线路通道环境

2. 驱鸟器安装情况

该 330kV 线路全线输电杆塔中，直线酒杯塔安装驱鸟器（见图 4-40）共 10 套。

图 4-40　330kV 线路驱鸟器安装情况

3. 防护效果评估

该线路杆塔所安装驱鸟器的位置、数量均满足要求，在安装驱鸟器后没有发现鸟类在装设驱鸟器的杆塔上筑巢及休息停留，该线路自 2013 年投运以来，位于鸟粪类故障Ⅱ级和Ⅲ级风险区域内的线路杆塔均未发生过涉鸟故障跳闸。

【案例 4.6-2】

1. 输电线路概况

某 220kV 线路全长 153.175km，杆塔 440 基，于 2010 年 8 月 30 日投运，导线型号为 2×LGJ-300/25，绝缘子型号为 FXBW-220，鸟类活动频繁。该线路通道环境如图 4-41 所示。

图 4-41　故障杆塔全塔及线路通道环境

2. 驱鸟器安装情况

该 220kV 线路中，直线酒杯塔安装驱鸟器（见图 4-42）共 3 套。

图 4-42　某 220kV 驱鸟器安装情况

3. 防护效果评估

针对该线路涉鸟故障防治重要区段开展新型驱鸟、防鸟技术攻关研究，完善已有防鸟装置技术条件，探索性试点应用主动侦测型电击式驱鸟器，折叠式防落鸟装置等新型防鸟技术，根据不同涉鸟故障等级区段，差异化组合配置防鸟装置，提高线路涉鸟故障防治水平。安装新型防鸟装置后，未发生涉鸟故障跳闸。

4.7 防鸟装置组合应用案例

【案例4.7-1】

1. 输电线路概况

某 110kV 线路全长 5.368km，杆塔共 25 基，于 2006 年 3 月 28 日投运。其中，1~25 号杆塔处于鸟粪类故障Ⅱ级风险区域，该线路区段沿线以平原地形为主，多经过农田、湿地或草地，鸟类活动频繁。

2. 防鸟装置安装情况

该 110kV 线路全线输电杆塔均安装有防鸟刺。

（1）直线猫头塔安装防鸟刺共 29 支，其中边相各安装 6 支（绝缘子挂点上方安装 4 支），中相横担处安装 13 支，地线支架安装 2 支；生物驱鸟器 1 套，防鸟罩 3 个。

（2）直线拉线塔（门型）安装防鸟刺共 30 支，其中边相横担安装 6 支，中相横担处安装 14 支。

（3）耐张塔安装防鸟刺共 58 支，其中中相横担处安装防鸟刺 9 支，生物驱鸟器 1 套。

3. 防护效果评估

该线路自 2005 年投运以来，位于鸟粪类故障Ⅱ级风险区域内的线路杆塔未发生过涉鸟故障跳闸。2018 年至今鸟类活动趋于频繁，原因为周边水源丰富，人类对鸟的保护意识增强，该输电线路处于候鸟迁徙通道内，黑鹳、苍鹭、北朱雀等大型鸟类在此线路栖息、筑巢，所以防鸟刺的作用有限，不能够完全防止鸟类在杆塔上栖息。

上述鸟类活动表明，普通防鸟刺无法有效防范长腿大型鸟，单一的防鸟装置起到的作用有限，后根据实际情况在每基杆塔上加装驱鸟器以及防鸟罩，有效遏制了鸟类活动。

● 【案例 4.7-2】

1. 输电线路概况

某 220kV 线路全长 49.973km，杆塔共 139 基，于 2006 年 3 月投运。其中，全线 139 基均处于鸟粪类故障Ⅱ级风险区域。输电线路沿线以平原地形为主，多经过农田，且线路沿线鸟类活动频繁。该线路通道环境如图 4-43 所示。

图 4-43　某 220kV 线路通道环境

2.防鸟装置安装情况

该 220kV 线路全线输电杆塔均安装有防鸟刺（见图 4-44）。

（1）直线塔安装防鸟刺共 50 支，其中各相安装 16 支，地线支架安装 2 支。

（2）耐张塔安装防鸟刺共 80 支，其中各相横担处安装防鸟刺 26 支，地线支架上安装 2 支。

图 4-44　某 220kV 线路防鸟刺安装情况

3.防护效果评估

根据相关的标准规范及最新的防鸟刺安装作业指导书，该线路杆塔所安装防鸟刺的位置、数量、打开角度均满足要求，且均为新型冷拔钢丝防鸟刺，具有优异的防腐蚀性能。

该线路自 2006 年投运以来，位于鸟粪类故障Ⅱ级风险区域内的 139 号杆塔发生过涉鸟故障跳闸，139 号杆塔（耐张塔，型号：JGu34D）在 2019 年 8 月 26 日 0：29 发生过一次鸟粪类故障。故障原因为鸟类在 139 号杆塔活动过程中排便，鸟粪下落过程拉伸延长短接 139 号杆塔 A 相绝缘子空气间隙，导致线路跳闸。

现有措施为杆塔上安装防鸟刺，138 号耐张塔故障中（A）相引流线横担上安装防鸟刺 35 支，但跳线串上防鸟刺防护密度不足，未能阻止鸟类在横担上活动，这也是上述涉鸟故障跳闸的主要原因。且防鸟措施单一，未采用防鸟挡板/复合绝缘子大伞裙和绝缘护套结合等方式进行防鸟。

上述涉鸟故障表明，导致该线路发生涉鸟故障的主要原因为防鸟措施单一，鸟刺数量满足要求但无阻挡鸟粪的有效手段。后对全线杆塔加装防鸟挡板，并对导线加装防鸟护套，再未发生过涉鸟故障跳闸。

● 【案例 4.7-3】

1. 输电线路概况

某 220kV 线路全长 41.9830km，杆塔共 121 基，于 2007 年 8 月投运。其中，1~33 号杆塔处于鸟粪类故障Ⅱ级风险区域，34~39 号杆塔处于鸟粪类故障Ⅰ级风险区域，40~121 号杆塔处于鸟粪类故障Ⅱ级风险区域。灵北线路全段沿线以平原地形为主，多经过农田、草地，80~86 号杆塔经过城镇，且线路沿线 3km 范围内住户数量较多，喜鹊喜欢把窝搭在居民点附近，致使线路附近鸟类活动频繁。该输电线路通道典型环境情况如图 4-45 所示。

图 4-45　某 220kV 线路通道环境

2. 防鸟装置安装情况

该 220kV 线路自 2007 年投运，线路全段农田多、树木繁多，易吸引鸟类逗留、在杆塔搭建鸟巢，可能导致鸟窝短接或者鸟类停留在横担上排便时短接绝缘子电气间隙，发生涉鸟故障跳闸。针对这种环境特点，通过在绝缘子上方加装防鸟挡板，避免鸟粪直接搭落在绝缘子上发生空气间隙击穿。但该线路的 69 号杆塔在已安装防鸟挡板的情况下，依然发生了鸟粪类涉鸟故障跳闸。根据运检二〔2016〕5 号《国网运检部关于印发〈输电线路防鸟装置安装及验收规范（试行）〉的通知》要求，防鸟挡板的尺寸应满足相应电压等级要求的保护范围，挡板宽度每侧应超过横担宽度 5cm，恰好一只鹰隼落在挡板边缘排便，鸟粪下落过程延伸拉长的过程中短接绝缘子挂点与导线之间的空气间隙，造成线路跳闸。

3. 改进策略

针对此次事故发生于本该防止鸟粪跳闸事故发生的防鸟挡板上，运维单位提出在防鸟挡板超出横担的部分加装防鸟针板，防止鸟类在防鸟挡板上栖息、活动，使得防鸟挡板对其下方绝缘子的防护更加完善。

该组合应用安装情况如图 4-46 所示。

图 4-46　某 220kV 线路组合防鸟装置安装情况

4. 防护效果评估

在运用了防鸟挡板和防鸟针板的组合使用后，该线路没有出现过相似原因的鸟粪跳闸事故，同时通过在后续推广应用的线路上观察，应用了这种组合方式的线路的防鸟挡板上鸟粪显著减少，降低了因防鸟挡板上方积累的鸟粪被雨水冲刷下落导致绝缘子污闪的概率。

【案例 4.7-4】

1. 输电线路概况

某 110kV 线路全长 17.0230km，杆塔共 66 基，于 2012 年 12 月投运。全线 1~66 号杆塔都处于鸟粪类故障Ⅱ级风险区域。线路全段沿线以平原地形为主，多经过村庄附近，穿越农田、荒地，周边水渠众多，植被良好，沿线老鼠和兔子等小动物较多，为鹰隼等大型鸟类的栖息和生存提供了良好的条件。且部分路段离城镇较近，而喜鹊喜欢把窝搭在居民点附近，致使线路附近小型鸟类搭窝活动较为频繁。该输电线路通道典型环境情况如图 4-47 所示。

图 4-47　某 110kV 线路输电通道典型环境情况

2. 防鸟装置安装情况

该 110kV 线路全线杆塔都安装了防鸟刺，并依照相关要求针对不同杆塔型式、横担结构和悬垂串数量及位置进行防鸟刺的安装工作，同时充分运用不同种类防鸟刺的特点对杆塔的防鸟刺进行安装（见图 4-48～图 4-50），主要采用雨伞式防鸟刺和磁吸式防鸟刺。

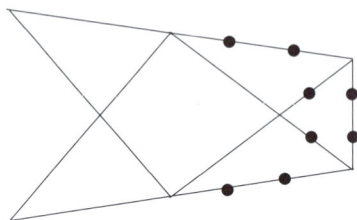

图 4-48　某 110kV 杆塔中横担上平面防鸟刺示意图

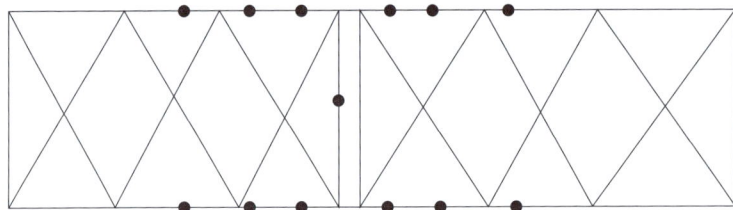

图 4-49　某 110kV 杆塔中横担平面防鸟刺布防示意图

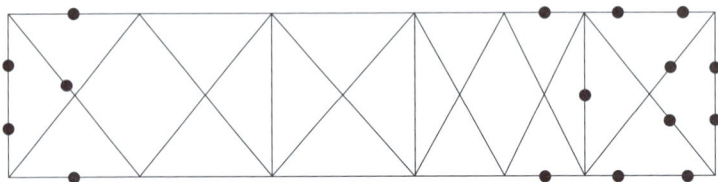

图 4-50　某 110kV 杆塔地线横担平面防鸟刺布防示意图

磁吸式防鸟刺适用于普通螺栓式防鸟刺不便于安装放置的位置（见图 4-51），具有安装工艺简单，安装底座需要空间小，吸附牢固，对安装人员工作妨碍影响小的优点，同时因为材质为软塑料，能够采用鲜艳的颜色，对鸟类具有一定的驱离作用。

该 110kV 线路按要求全线安装防鸟罩，安装情况如图 4-52 所示。

图 4-51　磁吸式防鸟刺安装示意图

图 4-52　利银线防鸟罩安装情况

防鸟挡板是现阶段仅次于防鸟刺应用时间的防鸟措施。故障杆塔采用防鸟挡板和防鸟刺组合，其主要目的是避免防鸟挡板防护面积不足的问题，防止因鸟类在防鸟挡板边缘排便导致的绝缘子闪络跳闸。

另外，曾发生过因无有效防止鸟类在防鸟挡板上方活动的措施，导致大量积累在防鸟挡板上的鸟粪在降雨时被雨水冲刷下落，造成线路跳闸。防鸟挡板可结合绝缘子挂线点横担宽度定制（见图 4-53），防护面积较大，同时为避免小型鸟类在挡板边缘排便、筑巢，需在新安装的挡板边缘加装防鸟针板。

图 4-53　防鸟挡板安装情况

对该 110kV 线路 43 号杆塔等几基涉鸟故障风险等级较高的杆塔安装了防鸟桶（见图 4-54）。

图 4-54 防鸟桶安装示意图

防鸟刺等防鸟装置很难照顾到横担侧面，小型鸟类容易从横担侧面飞进横担，对线路安全运行产生威胁。防鸟锥桶（见图 4-55）采用磁吸的安装方式，加之自身体积小，受空间和安装位置影响小，能够充分填补防鸟装置防护不到的位置。

该 110kV 线路的跳线横担处安装有防鸟护套及防鸟裹刺（见图 4-56）。

图 4-55 防鸟锥桶安装示意图

图 4-56 防鸟护套及防鸟裹刺安装示意图

3. 防护效果评估

该 110kV 线路自 2012 年 12 月投用，于 2016 年组织完成了全线防鸟装置的安装，通过防鸟刺结合防鸟罩、防鸟刺结合防鸟挡板和防鸟针板等办法，同时加大鸟巢的清理力度，对涉鸟故障重点区域定期开展人工驱鸟，2016 年以来，利银线未发生涉鸟故障跳闸，整体防鸟措施取得良好的效果。

【案例 4.7-5】

1. 输电线路概况

某 110kV 线路全长 33.551km，杆塔共 94 基（双回共塔架设），于 2010 年 4 月投运。51~70 号杆塔处于鸟粪类故障Ⅲ级风险区域，71~94 号杆塔处于鸟粪类故障Ⅱ级风险区域，1~50 号杆塔处于鸟粪类故障Ⅰ级风险区域。其中，1~90 号杆塔所在线路区段沿线以山地地形为主，多经过村庄、农田、林地，且线路沿线 3km 范围内有多个鱼塘，鸟类活动频繁。该输电线路通道环境如图 4-57 所示。

图 4-57　某 110kV 线路通道环境

2. 防鸟装置安装情况

该 110kV 线路全线输电杆塔均安装有防鸟刺。

（1）直线塔安装防鸟刺共 249 支，其中每相绝缘子串挂点上方各安装 2 支，地线支架未安装。

（2）耐张塔安装防鸟刺共 27 支，均安装在引流线绝缘子挂点上方横担处，每相横担安装防鸟刺 2 支。

每基杆塔上安装 3 支驱鸟器，共计 279 支；在鸟类活动频繁的 10 基杆塔横担处安装共 57 支防鸟针板。防鸟刺安装情况如图 4-58 所示。

图 4-58　某 110kV 线路防鸟刺安装情况

3. 防护效果评估

该线路自 2010 年投运以来，位于鸟粪类故障 I 级区域内的线路杆塔均未发生过鸟害故障，位于鸟粪类故障 II 级风险区域内的 61 号杆塔［同塔双回直线型塔，型号：ZGUT1（24）］在 2015 年 4 月 11 日 4：42 发生过一次鸟粪类故障。故障原因为鸟从铁塔 B 相（上相）上方飞过时，排泄的粪便呈抛物线形式快速下落，正好落到导线及复合绝缘子串上，瞬间形成放电通道，造成线路跳闸。现场发现 B 相（上相）复合绝缘子（FXBW4-110/100，单串悬挂）伞裙、均压环、悬垂线夹、导线上均有大面积鸟粪，其中，均压环、伞裙及芯棒上均有放电痕迹。复合绝缘子正上方安装有防鸟刺，横担角钢上未发现鸟类筑巢现象，角钢及防鸟刺基本干净。

上述涉鸟故障表明，绝缘子挂点正上方安装的防鸟刺，能起到防止鸟类在绝缘子串上方站立、停留的作用，而导致此次故障的原因为绝缘子串上方未安装防鸟挡板或驱鸟器，无法有效阻挡鸟粪下落或鸟类飞行靠近横担绝缘子挂点处。后在全线路杆塔上补装了279支驱鸟器、57支防鸟针板，采取组合防鸟措施后，再未发生过涉鸟故障跳闸。

【案例 4.7-6】

1. 输电线路概况

某 110kV 架空线路 8.7km，杆塔共 47 基，于 1999 年 12 月投运。其中 31~35 号杆塔处于鸟粪类故障Ⅲ级风险区域。31~35 号杆塔所在线路区段沿线以平原、河流地形为主，多经过农田、湿地，且线路位处河道，鸟类活动频繁。

2. 防鸟装置安装情况

该 110kV 线路全线输电杆塔均安装有防鸟刺，但数量不足，保护范围不充分，防护效果不佳。线路绝缘子上方装有金属防污盘，造成绝缘子上挂点与导线间有效电气绝缘距离缩短，加之绝缘子长期运行后，本体脏污，防污盘积累了大量鸟粪，在清晨或降雨期间，空气湿度较大，易导致绝缘子污闪，引起线路跳闸。

3. 防护效果评估

该 110kV 线路自 1999 年投运以来，位于鸟粪类Ⅲ级风险区域内的线路杆塔，由于采用金属防污盘及绝缘子鸟粪脏污问题，跳闸较多，2020 年以来，根据相关的标准规范及最新的防鸟刺安装作业指导书，对该线路杆塔防鸟刺进行补装，通过调整装设位置，增加防鸟刺装设密度，加装声光驱鸟器，摘除防污盘，更换脏污绝缘子的综合治理方式，有效降低了涉鸟故障跳闸概率，后续再未发生涉鸟故障跳闸。

【案例 4.7-7】

1. 输电线路概况

某 330kV 线路（同塔双回架设）全长 5.36km，杆塔共 102 基，于 2018 年 1 月投运。其中，1~10 号杆塔处于鸟粪类故障Ⅱ级风险区域，21~76 号杆塔处于鸟粪类故障Ⅲ级风险区域，77~102 号杆塔处于鸟粪类故障Ⅰ级风险区域。该区段沿线属平原地形，跨越泾河两次，经过农田、河滩湿地，线路沿线鸟类活动频繁。

2. 防鸟装置安装情况

该 330kV 线路全线输电杆塔均安装有防鸟刺及驱鸟风车。

（1）直线酒杯塔安装防鸟刺共 38 支，每相各安装 6 支（绝缘子挂点上方安装 6 支），每侧地线支架安装 1 支；安装驱鸟风车 14 支，每相各安装 2 支（挂点附近安装 2 支），每侧地线支架安装 1 支。

（2）耐张塔安装防鸟刺共 38 支，每相引流线绝缘子挂点上方横担安装防鸟刺 6 支，每侧地线支架安装 1 支；安装驱鸟风车 14 支，每相各安装 2 支（挂点附近安装 2 支），每侧地线支架安装 1 支。

3. 防护效果评估

该线路自 2018 年 1 月投运以来，位于鸟粪类故障Ⅰ级和Ⅱ级风险区域内的线路杆塔均未发生过涉鸟故障跳闸，杆塔上的鸟窝数量明显较少，在运行过程中发现鸟窝 3 处，均位于横担与主材连接处。

上述运行经验表明，防鸟刺与驱鸟风车搭配使用，可以有效避免鸟类在绝缘子上方筑巢，从而降低输电线路因绝缘子被鸟粪污染而造成闪络故障的发生。

【案例 4.7-8】

1. 输电线路概况

某 330kV 线路全长 66.917km，杆塔共 154 基，于 2009 年 7 月投运。1~34

号杆塔处于鸟粪类故障Ⅰ级风险区域,35~48号杆塔处于鸟粪类故障Ⅱ级风险区域,50~76号杆塔处于鸟粪类故障Ⅲ级风险区域。其中,该线路60~61号杆塔跨越河畔半湿地形,由于近年来周边环境改善,非常适宜鸟类生存,而且为迁徙的候鸟提供了一处极佳的中途休息觅食的场所,60号、62号杆塔位于水库边缘,线路距水库直线距离约2km,鸟类活动频繁。

导线采用四分裂形式,分裂间距采用450mm,三相15mm冰区地线采用1×7-10.5-1270-B 1200-88。导线呈正三角形布置。避雷线全线为双线水平排列,左侧为常规地线,右侧为OPGW光缆。海拔最高为2300m、海拔最低为1000m。该330kV线路通道环境及鸟类在杆塔上活动情况如图4-59所示。

图4-59 某330kV线路通道环境及鸟类在杆塔上活动情况

2.防鸟装置安装情况

该330kV线路全线输电杆塔均安装有防鸟刺(见图4-60)、悬垂绝缘子串上方加装防鸟罩。

(1)直线塔安装防鸟刺共22支,其中边相各安装4支,中相横担安装14支;直线塔两边相及耐张塔跳线绝缘子上方加装防鸟罩133个。

(2)耐张塔安装防鸟刺共12支,其中中相横担处安装防鸟刺4支,中相引流线绝缘子挂点上方横担安装防鸟刺、驱鸟风车2支。

图 4-60 防鸟刺安装情况

3. 防护效果评估

该线路自 2009 年投运以来，位于鸟粪类故障Ⅰ级和Ⅱ级风险区域内的线路杆塔均未发生过涉鸟故障跳闸，位于鸟粪类故障Ⅲ级风险区域内的 60 号、62 号（ZM1-24）杆塔在 2017 年 10 月 19 日 22：51、10 月 22 日 2：10 分别发生过鸟粪类故障。故障原因是杆塔位于红河水库边缘，线路周边河畔为半湿地型地形，植被茂密多灌木杂草，适宜鸟类生存，苍鹭凌晨时在横担上排便，大量的鸟粪沿复合绝缘子伞裙表面下落形成长拉丝，最终造成绝缘子表面贯通式击穿，短接了横担及导线侧均压环（高压端）间电气间隙，造成线路跳闸。线路跳闸后，对鸟粪类故障Ⅲ级风险区域的杆塔补装防鸟刺，并将老式防鸟刺更换为长刺针型，在边相补装防鸟罩，减少防鸟空白点，增加防护半径，再未发生过涉鸟故障跳闸。

5

复合绝缘子防鸟
改造策略

复合绝缘子由于具有重量轻、耐候性好、防污性能强等诸多优异的性能，已经广泛应用于架空输电线路中。按照标准规定要求，110kV 交流输电线路应在绝缘子高压端安装均压环，220、330kV 输电线路应在绝缘子两端安装均压环，但由于复合绝缘子低压端承受电压较低，均压环均压作用有限，且运行过程中均压环会缩短电气间隙，导致线路易发生涉鸟故障。本章通过有限元方针分析，提出在不影响绝缘距离的前提下去除或优化改造复合绝缘子均压环，开展不同电压等级的架空输电线路复合绝缘包覆均压环的安装和改造关键问题仿真计算，以增加高低压端电气间隙，降低鸟粪闪络概率，并通过试验验证仿真的正确性和有效性，提升架空输电线路涉鸟故障防治水平。

5.1 研究内容

2016~2020 年，西北地区 110kV 输电线路共发生涉鸟故障 376 次，占涉鸟故障跳闸总数的 67.38%，这是由于 110kV 架空输电线路电压等级相对较低，电气绝缘间隙较短，发生涉鸟故障次数最多，同时也说明 220kV 及以下电压等级输电线路应为涉鸟故障防治工作的重点。

有关研究结果表明，未加装均压环的 110kV 复合绝缘子最高电场强度与最低电场强度间的差异可达 3 倍以上。因此，应在 110kV 及以上的线路上适当配置均压环，以均匀复合绝缘子表面的电场分布。本节以 110kV 架空输电线路复合绝缘子为研究对象，建立 110kV 复合绝缘子均压环电场仿真模型，对其串型、导线排布、均压环安装策略及其参数、环境等因素对复合绝缘子电场分布的影响进行研究，论证可取消安装均压环的电压等级工况，以及优化均压环设计，通过理论分析、仿真计算和试验验证的研究方法，研究复合

绝缘子及均压环分布规律，为复合绝缘子及均压环的设计、安装和差异化配置提供参考依据。

5.2 复合绝缘子均压环仿真模型建立

电场仿真的本质是求解多项偏微分方程，有限元法（finite element method，FEM）是电场仿真应用中最普遍的算法。采用 COMSOL Multiphysics 软件，建立 110kV 输电线路单元仿真模型，以有限元法进行分析求解，研究不同均压环类型、结构及参数对复合绝缘子电场分布的影响，为输电线路绝缘配置和均压环安装形式提出指导及建议。

5.2.1 有限元法仿真原理

有限元法是为了对某些工程问题求得近似解的一种数值计算方法，该方法将所要分析的连续场域分割为很多较小的区域，这些区域称为单元或元素，这些单元的集合体就代表原来的场，然后建立每个单元的公式，再组合起来，就能求解得到连续场的分布状态。这是一种从部分到整体的方法，使得分析过程大为简化。从数学角度来说，有限元法是从变分原理出发，通过把场域剖分为许多子域（单元），每个单元内选用合适的插值函数来表示未知量（如标量位或向量位），该函数包括每个单元的各个节点处的位值，并以此作为未知量，通过应用这样的插值函数，即可生成一组多元线形代数方程，就像在有限差分法中一样，然后用直接法或迭代法即可求出各个节点的位值。

有限元法基于里兹法（Ritz 法），它在实施选择基函数这一关键步骤前，增加了一个重要步骤：将场域剖分成很多细小而简单的形状（在二维场中，如三角形），称为单元。对于不同单元，选择具有不同系数的基函数，只要求基函数及由它们构成的待求函数在本单元内连续→分片连续，并在单元之间的简单边界上使待求函数满足连续性条件→分域基，而不是要求构成全域基函数。

应用有限元法求解变分问题主要步骤为：

（1）针对实际问题，形成物理模型。

（2）建立该物理问题的数学模型，建立边值问题，转化为相应的变分问题。

（3）将所求解的场域剖分成有限个网格（即单元），如图 5-1 所示。设有 Z_0 个单元，得到许多离散点（称为节点），设有 N_0 个，节点可在单元的顶点，亦可在单元的边界上取得。

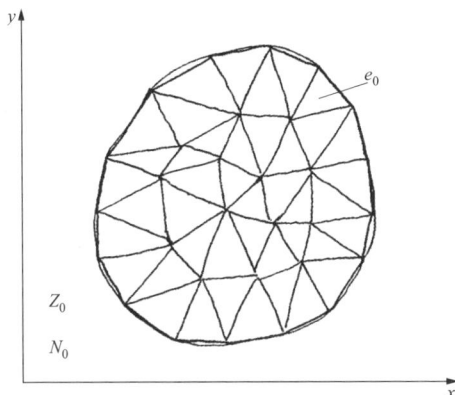

图 5-1　有限元法中的单元剖分

在图 5-1 所示的二维场中，以三角形单元剖分，节点设在三角单元的顶点处，每个节点对应有唯一的待求位函数值，于是，全域上的泛函为各单元上泛函之和，即

$$F(u) = \sum_{e=1}^{Z_0} F_e(u) \qquad (5-1)$$

（4）在每个单元之内选取基函数，设近似函数在单元内各节点的待求函数值之间随坐标按某种确定的函数关系变化。例如在某单元中有 N_0 个节点，规定待求函数在单元节点（N_0 个）上的值为 u_i（$i=1, 2, \cdots, N_0$），使待求函数 u 在 u_i 之间随坐标按某种函数关系变化，该近似函数又称为待求函数的（内）插值函数，以近似反映待求函数 u 在单元中的分布情况，即

$$u \doteq \tilde{u} = \sum_{i=1}^{N_0} a_i u_i \qquad (5-2)$$

（5）将插值函数代入各单元泛函中，使单元上的泛函近似地被以单元各节点待求函数值为自变量的能量函数所代替，称为连续泛函离散化，从而使全域上总的能量泛函近似由所有节点待求函数值为自变量的能量多元函数所代替，即

$$F(u) \doteq F(\tilde{u}) = F(u_i) \quad (i = 1, 2, \cdots, N_0) \tag{5-3}$$

（6）按多元函数的极值原理，将能量函数对自变量求极值，得到一系列的代数方程，即

$$\frac{\partial F(u_i)}{\partial n_i} = 0 \quad (i = 1, 2, \cdots, N_0) \tag{5-4}$$

联立以上 N_0 个代数方程。求解该方程组，获得求解场域中各节点处待求函数值的近似解（它又称离散解）。

由上述可知，有限元法的主要特点有：

（1）由于有限元法求解对象是求解区域内的微分方程，因此需对整个场域进行离散，即剖分整个求解区域。

（2）因为媒质分界面上的边界条件是自动满足的，第二、三类边界条件不必单独处理，因此有限元法适应于求解多种媒质的复杂问题。

（3）可通过调整单元的剖分密度和单元插值函数等来提高数值计算精度。

（4）得到的代数方程组对应的系数矩阵是对称稀疏矩阵。

（5）可方便地编写通用计算程序，进一步组合成各种高效能的计算软件。

5.2.2　三维有限元仿真

一般来说，工程电磁场问题都存在于三维空间，因此，严格要求的话，均应作为三维问题进行分析和讨论；只有当场分布具有一定的特征或对称性时，或允许做一定的理想条件的简化，或是可以忽略掉某些次要因素等情况下，才可能把三维电磁场归结为二维或轴对称，甚至一维电磁场问题。因此，对于实际工程电磁场的分析，如果上述条件不能成立，或者在做了上述种种近似后却导致了工程上不能接受的误差时，则还得按三维问题予以分析和计算。

三维有限元法与平面有限单元法在指导思想、分析过程和解题步骤方面的主要脉络是完全相似的，即：将空间场域剖分为有限个互不重叠且无裂缝的空间单元的总和；构造此空间单元的插值函数和形状函数、对场变量函数以此近似；然后利用等价的变分问题，得到空间单元的系数矩阵，并集合成总系数矩阵；最后计算有限元方程组，遂得欲求工程电磁场的数值解。但是，实际上由于变分量由二维扩大到三维时，在元素结构、形状和剖分、方程组的求解等许多方面都引发了一定的复杂性。仅以方程组的求解而言，由于最终得到的代数方程组规模非常庞大，因此，它的计算工作量极大。当连续场被离散化之后，其离散节点数将随着从二维平面到三维空间场域范围的拓展而急剧增加。这正是直到 20 世纪六七十年代，在工程电磁场领域中对三维场展开分析计算始终裹足不前的原因之一。

5.2.3 110kV 输电线路仿真模型建立

5.2.3.1 杆塔模型

为更好地模拟架空输电线路实际运行情况，按照实际尺寸搭建 110kV 输电线路杆塔、复合绝缘子、导线、金具等元件的仿真模型。以 110kV 酒杯塔为例，按照实际杆塔尺寸参数进行 1：1 三维建模，塔高 28.5m、横担长 2.7m。首先在 AutoCAD 中构建了实际杆塔的三维模型，如图 5-2（a）所示，然后导入 COMSOL Multiphysics 仿真软件中，如图 5-2（b）所示。

5.2.3.2 复合绝缘子模型

采用 110kV 架空输电线路中广泛使用的"大—小—中—小"伞形结构复合绝缘子为例建立仿真模型，该复合绝缘子结构参数如图 5-3 所示，仿真模型以及复合绝缘子实物如图 5-4 所示。该绝缘子结构高度为 1438.43mm，绝缘子爬电距离为 4263.44mm，大、中、小伞裙半径分别为 76.49、62.08mm 和 46.08mm，伞—伞间距为 20mm，伞裙总数为 41。

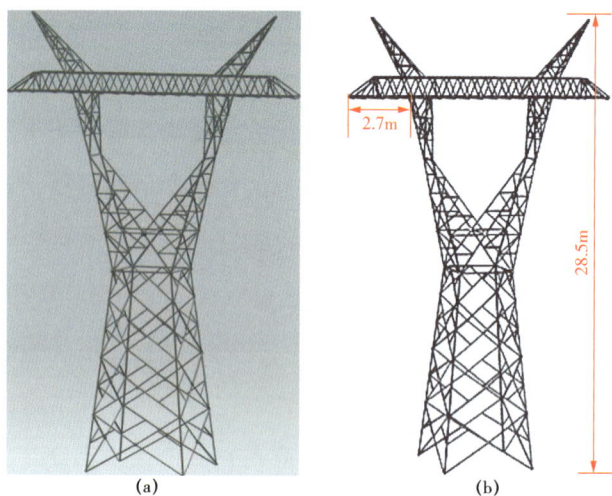

图 5-2 铁塔模型

（a）AutoCAD 模型；（b）COMSOL 计算模型

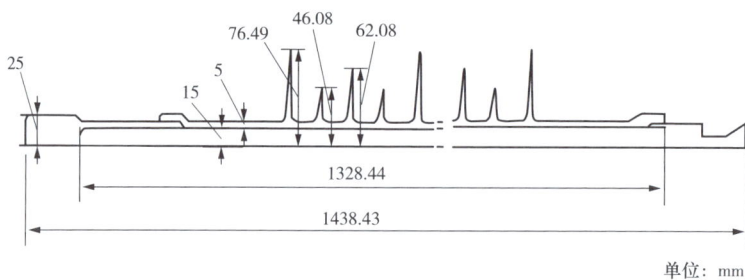

单位：mm

图 5-3 复合绝缘子参数

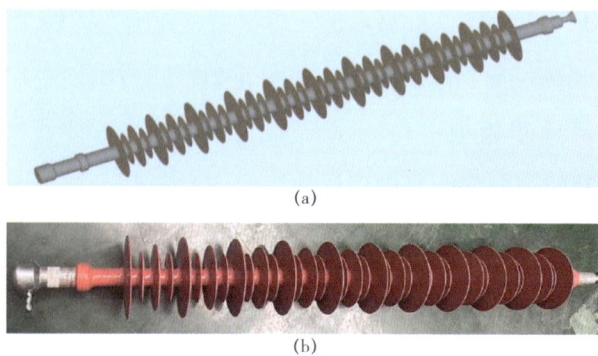

图 5-4 110kV 复合绝缘子

（a）COMSOL Multiphysics 实体化；（b）110kV 复合绝缘子实物图

5.2.3.3　超大伞裙（防鸟伞裙）模型

本次仿真 110kV 复合绝缘子安装的超大伞裙直径为 350mm，对复合绝缘子高压端、中部以及低压端加装超大伞裙进行研究，复合绝缘子安装三个超大伞裙仿真模型如图 5-5 所示。

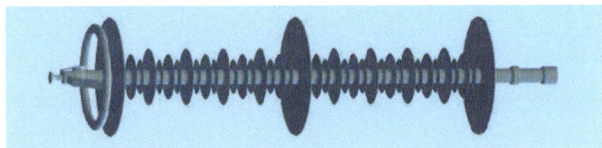

图 5-5　安装超大伞裙的 110kV 复合绝缘子仿真模型

材料内部的电场分布与材料的介电常数有关，仿真中铁塔及绝缘子主要采用硅橡胶、环氧树胶和聚氨酯等材料，其相对介电常数如表 5-1 所示。

表 5-1　绝缘子主要材料相对介电常数

材料	硅橡胶	环氧树脂	金具	空气	钢材	聚氨酯
相对介电常数 ε_r	3.2	3.6	100000	1	100000	3.5

复合绝缘子覆污主要分为干污以及湿污，复合绝缘子覆污如图 5-6 所示，即在每一片绝缘子都覆有相应的污秽。

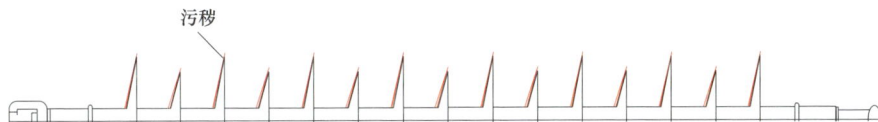

图 5-6　复合绝缘子覆污

在仿真软件计算过程中，电场及电势分布主要以相对介电常数进行计算分析，绝缘子覆污相对介电常数及电导率参数对照如表 5-2 所示。

表 5–2 　　　　　　　　　　　　　　　绝缘子覆污参数

覆污类型	相对介电常数 ε_r	电导率 γ（S/m）
干污	2.8	10^{-13}
湿污	81	变量

5.2.3.4 均压环模型

实际线路常见的均压环为管状均压环、半圆形均压环和防鸟均压环三类，如图 5–7 所示，其中应用最为广泛的是管状均压环。半圆形均压环为管状均压环的一半结构，防鸟均压环是在管状均压环的结构上增加了金属圆盘，防鸟均压环盘式结构能够防止鸟粪直接掉落而引起的鸟粪闪络，为保证防鸟均压环起到和防鸟罩相似的作用，一般在复合绝缘子低压端安装防鸟均压环，并在高压端安装管状均压环。半圆形均压环、防鸟均压环其他结构参数与管状均压环相同。

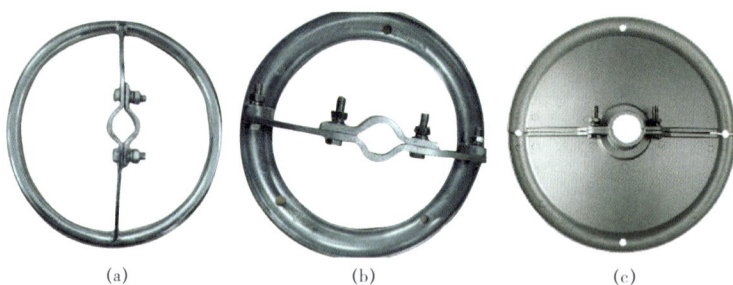

(a) 　　　　　　　　(b) 　　　　　　　　(c)

图 5–7　常用均压环类型

（a）管状均压环；（b）半圆形均压环；（c）防鸟均压环

按照实际线路常用均压环类型，110kV 仿真主要使用的是管径为 30mm、直径为 260mm 的管状均压环，如图 5–8 所示。

图 5–8　110kV 复合绝缘子均压环

（1）均压环管径 ϕ。均压环管径能在很大程度上影响均压环的均压性能，因此需对均压环管径的变化规律进行研究，均压环管径示意如图 5-9 所示，同时在仿真过程中保持其余参数不变进行均压环管径的均压规律研究。

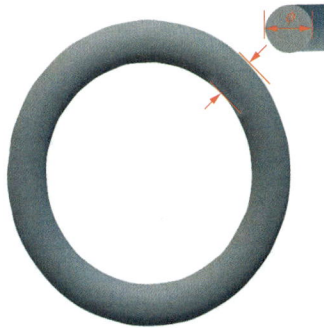

图 5-9　均压环管径示意图

不同电压等级采用的均压环尺寸不一，仿真时参考复合绝缘子及实际应用尺寸，各电压等级管径的主要参数如表 5-3 所示。

表 5-3　　　　　　　　　　均压环管径

电压等级（kV）	不同参数（mm）
110	20，30，40
220	30，40，60
330	30，50，70，110

注　表中 110、220kV 和 330kV 线路采用的实际均压环管径分别为 30、40mm 和 50mm。

（2）均压环直径 D。均压环直径能在很大程度上影响均压环的均压性能，因此需对均压环的直径变化规律进行研究，均压环直径 D 示意如图 5-10 所示，在仿真过程中保持其余参数不变进行均压环直径的均压规律研究。

不同电压等级采用的均压环尺寸不一，仿真时参考复合绝缘子及实际应用尺寸，各电压等级直径研究的主要参数如表 5-4 所示。

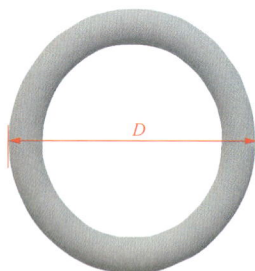

图 5–10　均压环直径 *D* 示意图

表 5-4　　　　　　　　　　　均压环直径 *D*

电压等级（kV）	不同参数（mm）
110	220，260，300
220	240，300，360，440
330	240，300，360，420

注　表中 110、220kV 和 330kV 线路采用的实际均压环直径 *D* 分别为 260、300mm 和 300mm。

（3）均压环罩入深度 *H*。均压环与均压环或铁塔间绝缘间隙长度受均压环罩入深度的影响，罩入深度的变化将影响绝缘间隙绝缘性能，均压环罩入深度同时在很大程度上影响复合绝缘子的沿面分布，因此需对均压环的罩入深度变化规律进行研究，进一步优化罩入深度，均压环罩入深度 *H* 的示意图如图 5–11 所示，在仿真过程中保持其余参数不变进行均压环罩入深度的均压规律研究。

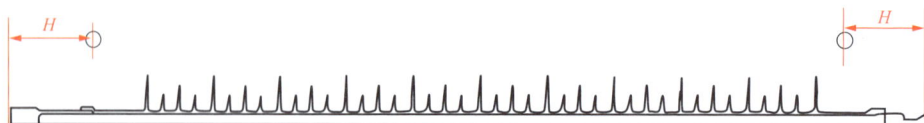

图 5–11　均压环罩入深度 *H*

不同电压等级复合绝缘子连接端长度不同，仿真时的参数设置参考复合绝缘子实际应用尺寸，各电压等级罩入深度 *H* 研究的主要参数如表 5–5 所示。

表 5-5 各电压等级均压环罩入深度 H

电压等级（kV）	H（mm）
110	65，125，165
220	50，110，170
330	55，105，155，255

注 表中 110、220kV 和 330kV 线路采用的实际罩入深度 H 分别为 65、50mm 和 55mm。

在均压环表面包覆一层绝缘介质后，相当于在原有的空气间隙中加入了固体绝缘层，由于绝缘介质的绝缘强度远高于空气间隙，因此引入绝缘介质以后能够在一定程度上提高原有的绝缘间隙的绝缘性能，绝缘包覆均压环示意图如图 5-12 所示。

覆层　覆层厚度

图 5-12　绝缘包覆均压环

绝缘包覆均压环的绝缘覆层厚度对绝缘包覆均压环绝缘性能有较大的影响，因此需对各电压等级覆层厚度进行研究分析，各电压等级绝缘包覆均压环覆层厚度参数如表 5-6 所示。

表 5-6 各电压等级绝缘包覆均压环覆层厚度

电压等级（kV）	不同参数（mm）
110	3，8，13
220	10，20，30
330	10，15，25

绝缘包覆层所用的绝缘介质类型也会在一定程度上影响到复合绝缘子沿面分布及均压环均压性能，本书对拟采用硅橡胶、环氧树脂及交联聚乙烯等三种绝缘材料进行绝缘包覆，绝缘介质的相对介电常数及其绝缘强度如表 5-7 所示。

表 5-7　　　　　　　　　常见绝缘介质相对介电常数和绝缘强度

绝缘介质	硅橡胶	环氧树脂	交联聚乙烯
相对介电常数	3.2	3.6	2.3
绝缘强度（kV/mm）	35	25	22

（4）导线及线夹模型。110kV 输电线路主要使用的是单导线，导线采用 LGJ-300/20，直径为 23.13mm；线夹选取的是悬垂线夹（提包式）型号为 XGH-5，线夹及导线组合如图 5-13 所示。

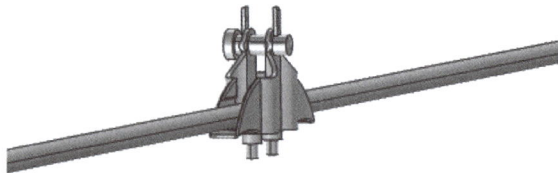

图 5-13　110kV 输电线路导线及线夹

5.3　110kV 复合绝缘子均压环电场分布仿真分析

复合绝缘子电场强度分布不均会造成电场严重畸变，可能导致复合绝缘子高压端产生起晕、劣化等现象，在消耗电能的同时产生无线电干扰和噪声干扰，并缩短绝缘子的使用寿命。为此高电压等级输电线路绝缘子串均通过加装均压环改善绝缘子串电压、电场分布，而均压环尺寸及安装位置等会直接影响绝缘子串的电压分布和场强分布。因此，对均压环的结构尺寸及安装位置进行合理的优化设计具有实际的工程意义。本节研究仅在 110kV 复合绝缘子高压端安装均压环时，不同均压环结类型、结构、均压环包覆材料对复合绝缘子电场分布的影响。

5.3.1　有无均压环对复合绝缘子电场分布的影响

在 110kV 复合绝缘子高压端安装均压环后，复合绝缘子周围及表面的电场及电势分布云图如图 5-14 所示。

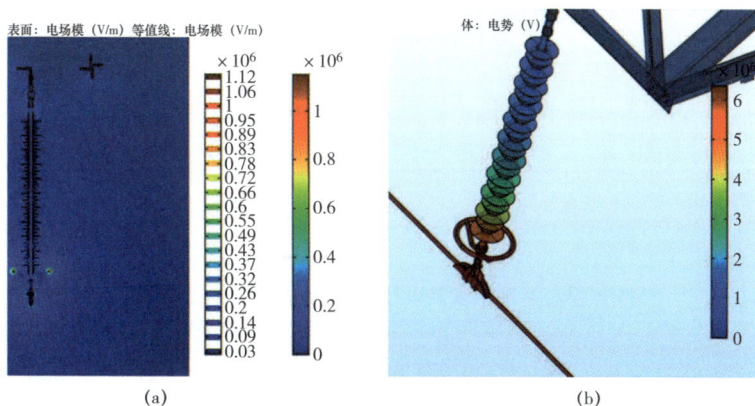

图 5-14　110kV 复合绝缘子安装均压环后电场及电势分布云图

（a）电场分布；（b）电势分布

　　由于电场及电势分布云图不能反映复合绝缘子沿面分布规律，因此将安装均压环前后复合绝缘子沿面电势和电场强度数据导出进行分析，图中绝缘子串距离表示从复合绝缘子高压端（即导线侧）起计算的爬电距离。有无均压环对复合绝缘子沿面电势及电场影响的仿真结果图 5-15 所示。

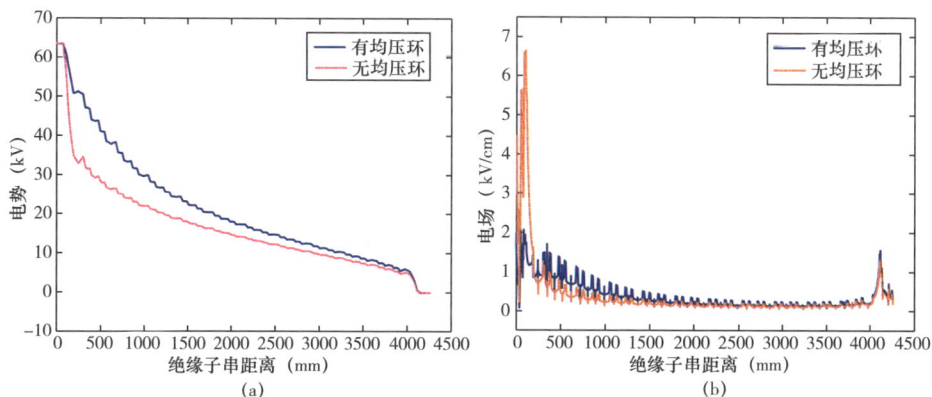

图 5-15　110kV 复合绝缘子沿面电势和电场分布

（a）沿面电势；（b）沿面电场

　　从图 5-15（a）可以看出，均压环可以把电势线的下降幅度减小，使得绝

缘子从高压端至低压端整体电位分布更加均匀合理，让更多的绝缘子伞裙承担电势，主要改善的区域为爬电距离在 0~4000mm 范围内的电势分布。表 5–8 所示为均压环安装前后沿面电场强度最大值变化情况。由表 5–8 可知，安装均压环能够极大地改善绝缘子沿面电场分布，高压端沿面电场强度降幅达68.92%，减少因电晕放电导致的复合绝缘子老化，同时提高绝缘子的沿面闪络电压。

表 5–8　　110kV 复合绝缘子安装均压环前后沿面电场强度最大值

类型	沿面电场强度最大值（kV/cm）		变化幅度	
	高压端	低压端	高压端	低压端
未加均压环	6.66	1.35		
高压端均压环	2.07	1.56	−68.92%	+15.56%

未安装均压环时，复合绝缘子高压端沿面电场强度最大值为 6.66kV/cm，已经超过复合绝缘子沿面电场强度允许值（根据 DL/T 760.3—2012《均压环、屏蔽环和均压屏蔽环》要求为 5kV/cm 以下）。由图 5–15 可以看出，爬电距离在 0~4000mm 范围内的沿面电场增大，使得更多绝缘子伞裙承受电压及电场，相应的绝缘子中部沿面电场也得到了极大的提升，让更多的绝缘子伞裙承受电场，改善了复合绝缘子沿面电场分布不均的情况。为使复合绝缘子能够长期的安全运行，因此需在复合绝缘子高压端安装均压环。

5.3.2　均压环类型对复合绝缘子电场分布的影响

根据现场运行经验，架空输电线路中常使用管状均压环、半圆形均压环以及防鸟均压环等三种类型的均压环。为研究不同均压环类型对复合绝缘子电场分布的影响，分别建立仿真模型进行研究。本节讨论的情况为：①半圆形均压环对复合绝缘子电场的影响，指的是在复合绝缘子两端安装同参数的半圆形均压环；②防鸟均压环对复合绝缘子电场分布的影响，指的是在复合绝缘子低压端安装防鸟均压环、高压端安装等径管状均压环的情况。

5.3.2.1 半圆形均压环

仿真采用的半圆形均压环，除在形状上有所差异外，其他结构参数与普通管状均压环一致。图 5-16 所示为半圆形均压环的电场及电势分布云图。图 5-17 所示为半圆形均压环与管状均压环的沿面电势及电场仿真结果。

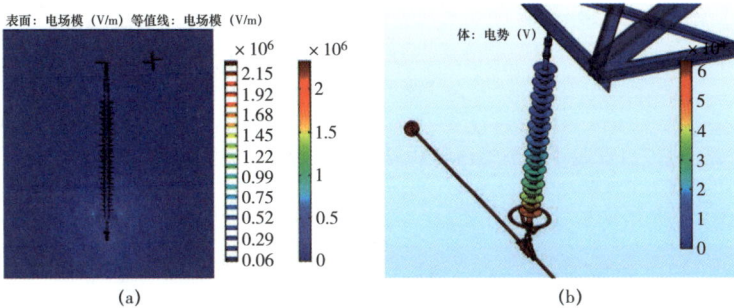

图 5-16 安装半圆形均压环电场及电势分布云图

（a）电场分布；（b）电势分布

从图 5-17（a）看出，在 110kV 复合绝缘子高压端安装半圆形均压环和管状均压环后，其沿面电势并未出现明显的差异。管状均压环在拉伸电势线的作用上略微优于半圆形均压环，但效果不明显，几乎无法分辨。由图 5-17

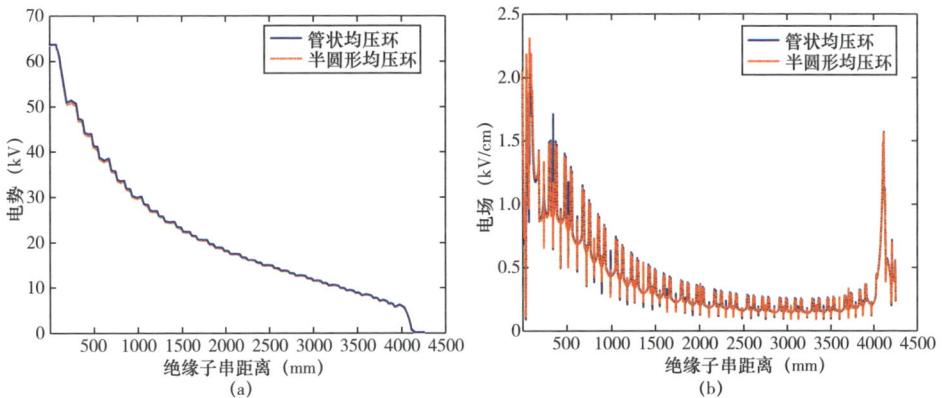

图 5-17 安装半圆形均压环后复合绝缘子沿面电势与电场分布（一）

（a）沿面电势；（b）沿面电场

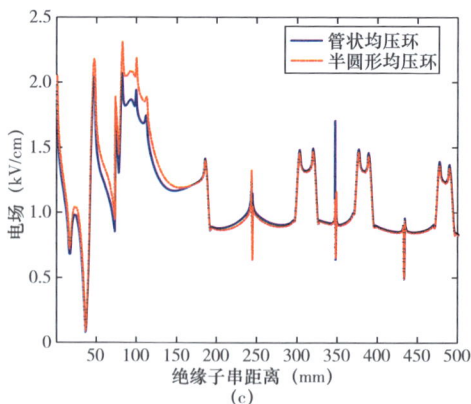

图 5-17　安装半圆形均压环后复合绝缘子沿面电势与电场分布（二）

（c）局部放大（电场）

（b）可得到安装半圆形均压环后复合绝缘子沿面电场强度最大值。安装半圆形均压环后沿面电场强度变化如表 5-9 所示，其变化幅度为与安装管状均压环的数据对比。

表 5-9　　　　安装不同均压环后复合绝缘子沿面电场强度最大值

类型	沿面电场强度最大值（kV/cm）		变化幅度	
	高压端	低压端	高压端	低压端
管状均压环	2.07	1.56		
半圆形均压环	2.31	1.54	+11.59%	−1.3%

由表 5-9 可以看出，管状均压环降低复合绝缘子沿面电场强度最大值的效果要比半圆形均压环更好，主要体现在爬电距离为 0~200mm 范围内。爬电距离超过 200mm 后，两种类型的均压环均压效果上大致相同。因此在实际应用中，建议使用管状均压环，能够使得复合绝缘子沿面电场分布更加均匀。

5.3.2.2　防鸟均压环

与普通管状均压环相比，防鸟均压环除了具有圆盘结构外，其余结构参数与普通管状均压环相同。需要说明的是，本节所指安装防鸟均压环，为低压端安装防鸟均压环，高压端安装等径管状均压环；安装管状均压环，分为仅在高压端安装、绝缘子两端都安装两种情况，当管状均压环仅安装在复合绝缘子高压端时，以下简称高压端均压环，安装在复合绝缘子两端时，以下简称双端均压环。安装防鸟均压环后的电场与电势分布云图如图 5-18 所示。防鸟均压环与普通均压环的沿面电势及电场仿真结果如图 5-19 所示。

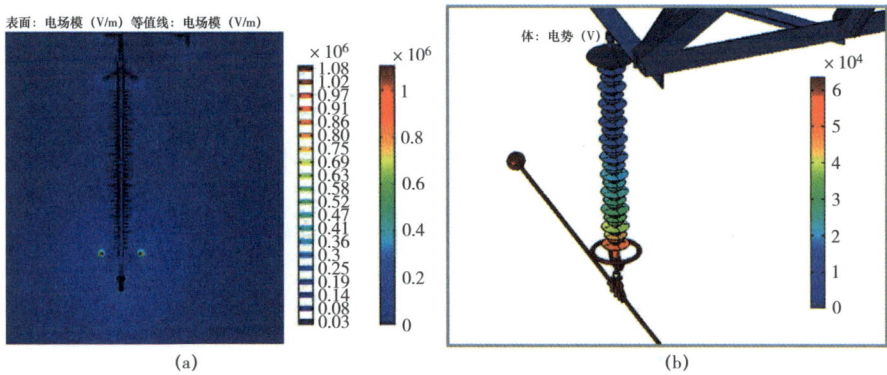

图 5-18　安装防鸟均压后绝缘子电场和电势分布云图

（a）电场分布；（b）电势分布

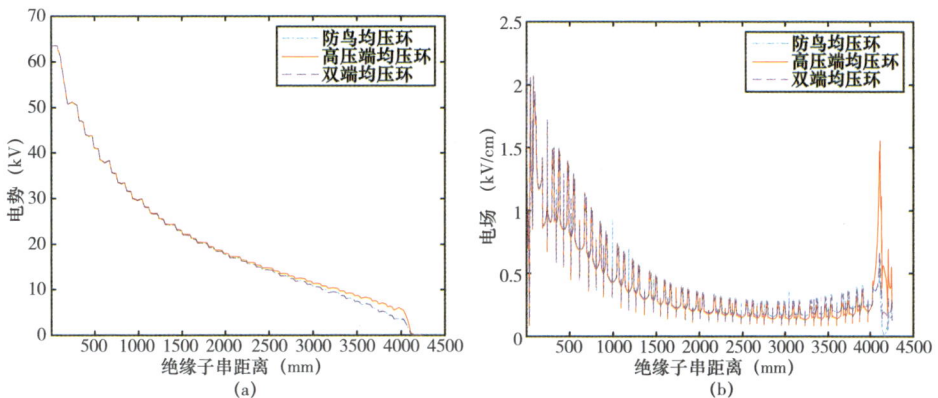

图 5-19　安装防鸟均压环后复合绝缘子沿面电场及电势分布（一）

（a）沿面电势；（b）沿面电场

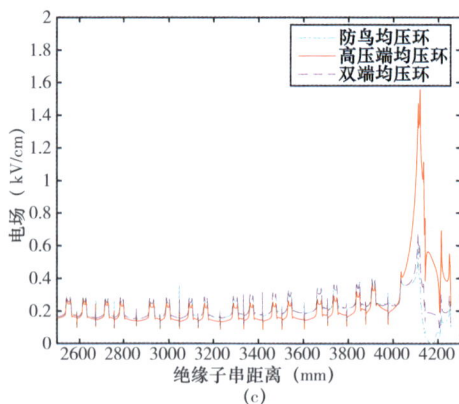

图 5-19　安装防鸟均压环后复合绝缘子沿面电场及电势分布（二）

（c）局部放大（电场）

从图 5-19（a）可以看出，安装防鸟均压环后，爬电距离在 2000~4300mm 范围内的电势分布与安装双端均压环重合。爬电距离在 0~2000mm 范围内时，安装防鸟均压环与安装高压端均压环以及双端均压环在图形上无差异，因此可知，防鸟均压环与普通均压环类似，都能起到均匀电势分布的作用。由图 5-19（b）可得到安装防鸟均压环后复合绝缘子沿面电场强度最大值。使用防鸟均压环后复合绝缘子的沿面电场强度变化如表 5-10 所示，其变化幅度为与安装双端均压环的数据对比。

表 5-10　　　　　　　　安装防鸟均压环后沿面电场强度最大值

类型	沿面电场强度最大值（kV/cm）		变化幅度	
	高压端	低压端	高压端	低压端
高压端均压环	2.14	1.55	+5.89%	+38.67%
双端均压环	2.25	0.68		
防鸟均压环	2.08	0.67	−7.56%	−1.47%

由表 5-10 可知，安装防鸟均压环后沿面电场强度有小幅度降低，但整体差异不大，其均压效果与在低压端安装的普通管状均压环无太大差异。从

整体上来说，防鸟均压环与普通管状均压环的均压效果几乎一致，但防鸟均
压环能降低鸟粪下落的概率，以此降低复合绝缘子闪络导致的涉鸟故障跳闸
风险，因此对于涉鸟故障高等级区域，建议在复合绝缘子低压端安装防鸟均
压环。

5.3.3 均压环结构对复合绝缘子电场分布的影响

均压环尺寸及安装位置等会直接影响绝缘子串的电压和电场分布，同时
合理调整均压环的尺寸及安装位置能降低复合绝缘子闪络发生的概率。因
此，对均压环的结构尺寸及安装位置进行合理的优化设计具有实际的工程意
义。本节选取应用最广泛的管状均压环进行研究，研究内容为 110kV 复合
绝缘子高压端安装均压环的情况，通过在 110kV 复合绝缘子的高压端安装
不同管径、直径和罩入深度的管状均压环，仿真分析管状均压环管径、直
径、罩入深度和绝缘包覆罩入深度对复合绝缘子表面电场分布的影响。选择
110 kV 线路复合绝缘子实际使用的均压环进行对比，管径 ϕ 为 30mm，直
径 D 为 260mm，罩入深度 H 为 65mm。在仿真过程中保持其余参数不变，
研究单一参数变化的均压规律。如无特殊说明，下文所有均压环均指管状均
压环。

5.3.3.1 均压环管径

对安装不同管径均压环后，复合绝缘子的沿面电场分布情况进行研
究，选择 110kV 线路复合绝缘子实际使用的均压环进行对比，直径 D 为
300mm，罩入深度 H 为 50mm。在仿真过程中保持其余参数不变，研究单
一参数变化的均压规律。高压端均压环 ϕ 为 40mm 时的电场及电势分布云
图如图 5-20 所示。不同均压环管径复合绝缘子沿面电势及电场仿真结果
如图 5-21 所示。

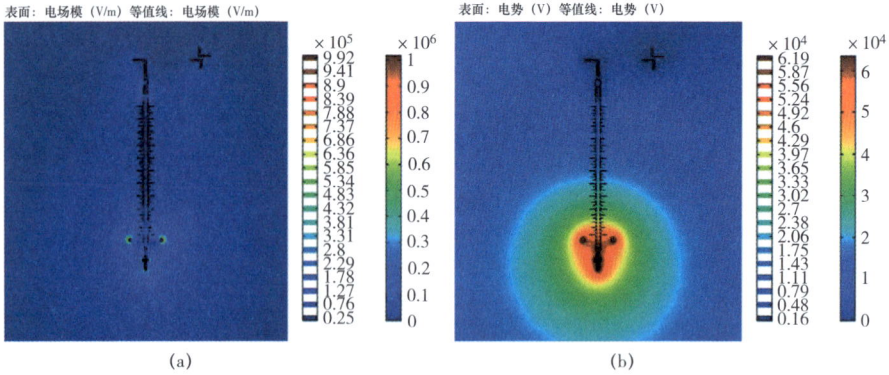

图 5-20 均压环管径为 40mm 时复合绝缘子电场及电势分布云图

（a）电场分布；（b）电势分布

从图 5-21（a）可以看出，当均压环管径从 20mm 增大至 40mm 时，沿面电势不断向外拉伸，均压环管径增加主要改善的是爬电距离在 0~2500mm 范围内沿面电势，管径大的沿面电势分布于管径小的沿面电势之上，因此均压环管径增大能够使得复合绝缘子沿面电势分布更加均匀。由图 5-21（b）可得到均压环管径从 20mm 增大到 40mm 各自的沿面电场强度最大值。管径增大前后沿面电场强度变化如表 5-11 所示，其变化幅度为与实际使用均压环 Φ 为 30mm 时进行对比得到的。

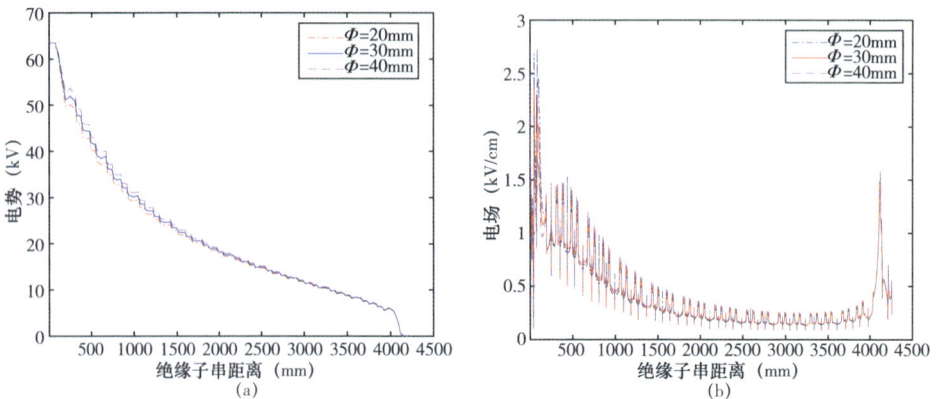

图 5-21 不同均压环管径时复合绝缘子沿面电场及电势分布（一）

（a）沿面电势；（b）沿面电场

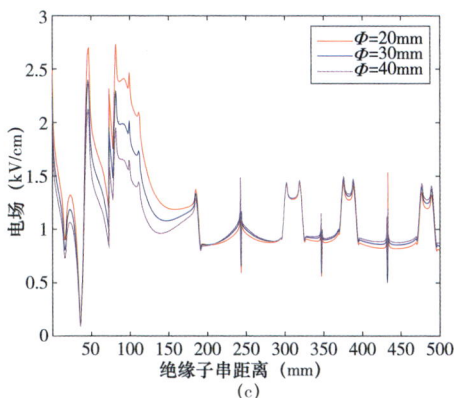

图 5-21　不同均压环管径时复合绝缘子沿面电场及电势分布（二）

（c）局部放大（电场）

表 5-11　　　　安装不同管径均压环后绝缘子沿面电场强度最大值

Φ（mm）	沿面电场强度最大值（kV/cm）		变化幅度	
	高压端	低压端	高压端	低压端
20	2.74	1.55	+14.17%	−1.90%
30	2.40	1.58		
40	2.22	1.59	−7.5%	+0.63%

由表 5-11 可以看出，在均压环管径逐渐增大的过程中，高压端沿面电场强度呈下降趋势，主要改善的范围是爬电距离在 0~1700mm 范围内的电场分布，但降幅会逐渐减小；低压端沿面电场强度则有略微升高。这说明管径不能无限增加，管径增大到一定程度后复合绝缘子沿面电场强度降幅会逐渐下降，并且管径过大会增加均压环与复合绝缘子伞裙接触的概率。当管径为 20mm 时，均压环表面电场分布如图 5-22 所示。

均压环管径过大会使涉鸟故障发生的概率上升，综合考虑均压环的起晕电场（20kV/cm）以及复合绝缘子沿面电场强度最大值约束（5kV/cm），建议 110kV 高压端加装的均压环在 20~40mm 范围内比较合适（图 5-22 中，当

图 5-22　管径为 20mm 时均压环表面电场

Φ=20mm 时，均压环表面电场最大值约为 5.42kV/cm）。

均压环直径变化会在一定程度上影响复合绝缘子沿面电场的分布，均压环直径为 300mm 时的电场及电势分布云图如图 5-23 所示。安装不同直径均压环时复合绝缘子沿面电势及电场仿真结果如图 5-24 所示。

从图 5-24（a）可以看出，当均压环直径从 220mm 增大至 300mm 过程中，复合绝缘子沿面电势不断向外拉伸，直径越大，沿面电势分布越往上，

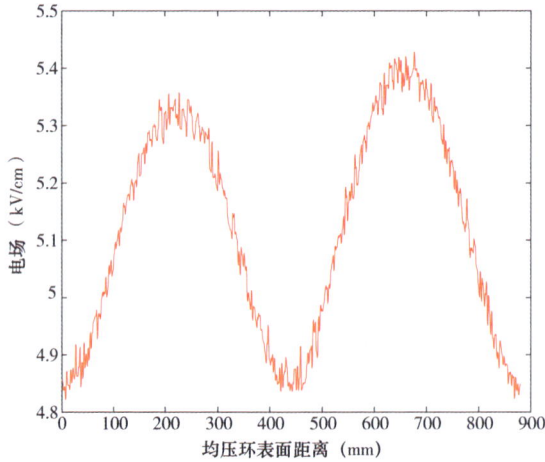

(a)

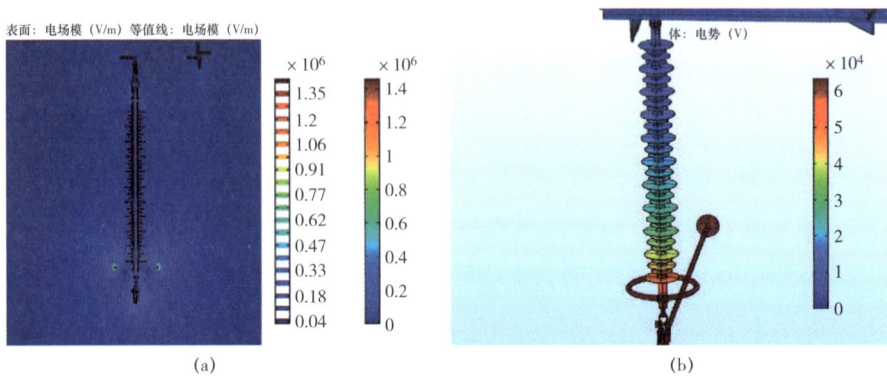

(b)

图 5-23　均压环直径为 300mm 时复合绝缘子电场及电势分布云图

（a）电场分布；（b）电势分布

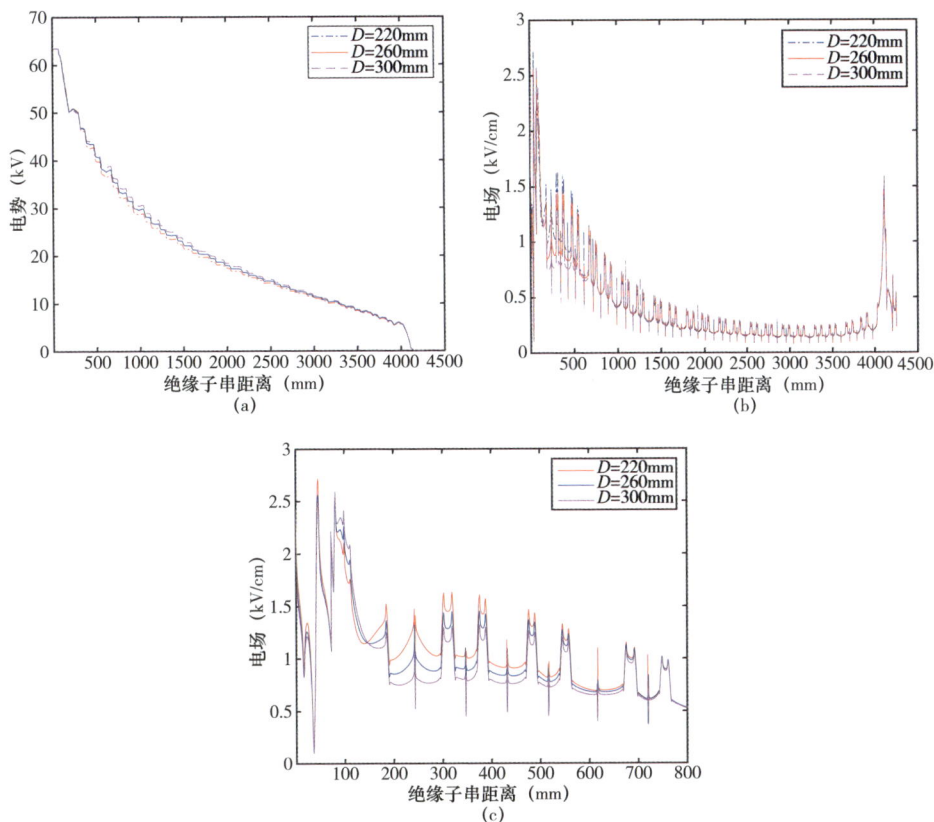

图 5-24　不同均压环直径时复合绝缘子沿面电场及电势分布

（a）沿面电势；（b）沿面电场；（c）局部放大（电场）

　　主要改善的是爬电距离在 0~3000mm 范围内的沿面电势，说明均压环直径增大能使复合绝缘子沿面电势分布更加均匀。由图 5-24（b）可以看出，均压环直径从 220mm 增大到 300mm 时，复合绝缘子沿面电场强度达到最大值。均压环直径增大前后沿面电场强度最大值变化如表 5-12 所示，其变化幅度为与实际使用均压环直径为 260mm 进行对比。

　　由表 5-12 可以看出，高压端沿面电场强度呈下降趋势，但降幅逐渐降低；低压端沿面电场强度有小幅度升高。这说明直径不能无限制增加也不能过小，直径增大到一定程度后的均压效果会逐渐降低，且直径增大到一定程度后会

表 5-12　　　不同均压环直径时复合绝缘子沿面电场强度最大值

D（mm）	沿面电场强度最大值（kV/cm）		变化幅度	
	高压端	低压端	高压端	低压端
220	2.72	1.54	+6.25%	−1.91%
260	2.56	1.57		
300	2.49	1.59	−2.73%	+1.27%

导致均压环与绝缘子伞裙距离太远，无法有效保护复合绝缘子，不能起到原有的均压效果。均压环直径减小到一定程度后的均压效果也会逐渐下降，过大或过小最终会导致均压环失去理想的均压效果。同时，直径过大会导致均压环与鸟粪下落路径相交的可能性变大，增加了鸟粪闪络的概率。均压环直径增加主要改善的是爬电距离在 0~1000mm 范围内的电场分布，随着爬电距离的增加，均压环直径增大对复合绝缘子沿面电场的影响逐渐减小。

综合考虑均压环的均压效果以及降低鸟粪闪络，均压环直径可以选取 220~260mm 范围内的均压环，既能保证复合绝缘子沿面电场强度不超过允许值，又使得均压环的直径较小，减小均压环与鸟粪接触的概率。

5.3.3.2　均压环罩入深度

本节研究均压环罩入深度对复合绝缘子电场分布的影响，110kV 安装均压环的罩入深度为 65mm 时的电场及电势分布云图如图 5-25 所示。不同均压环罩入深度时复合绝缘子沿面电势及电场仿真结果如图 5-26 所示。

从图 5-26（a）可以看出，当均压环罩入深度逐渐增大时，均压环越靠近绝缘子伞裙，均压环对复合绝缘子伞裙的沿面电势拉伸作用就越强，主要影响的是爬电距离在 0~4000mm 范围内，罩入深度越大，复合绝缘子沿面电势在图形上分布越往上，说明均压环罩入深度增大能够使得复合绝缘子沿面电势分布更加均匀。由图 5-26（b）可得到均压环罩入深度从 65mm 增大到 165mm 过程中复合绝缘子沿面电场强度最大值。均压环罩入深度增大前后沿

表面：电场模（V/m）等值线：电场模（V/m）
表面：电势（V）等值线：电势（V）

（a）
（b）

图 5-25　110kV 复合绝缘子罩入深度为 60mm 时电场及电势分布云图

（a）电场分布；（b）电势分布

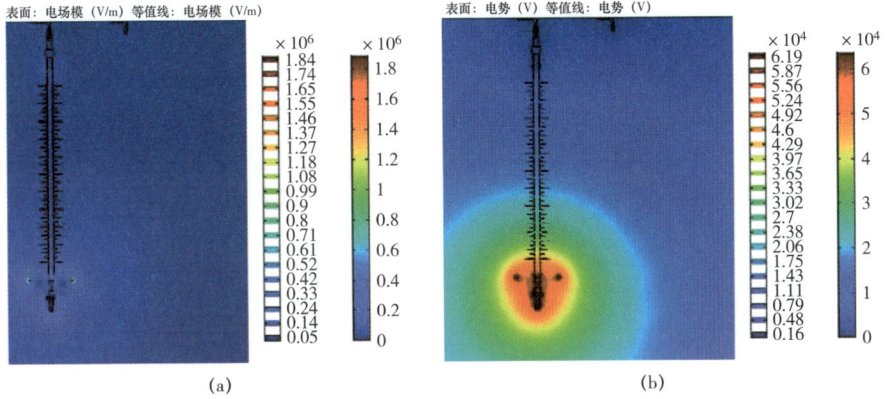

（a）
（b）

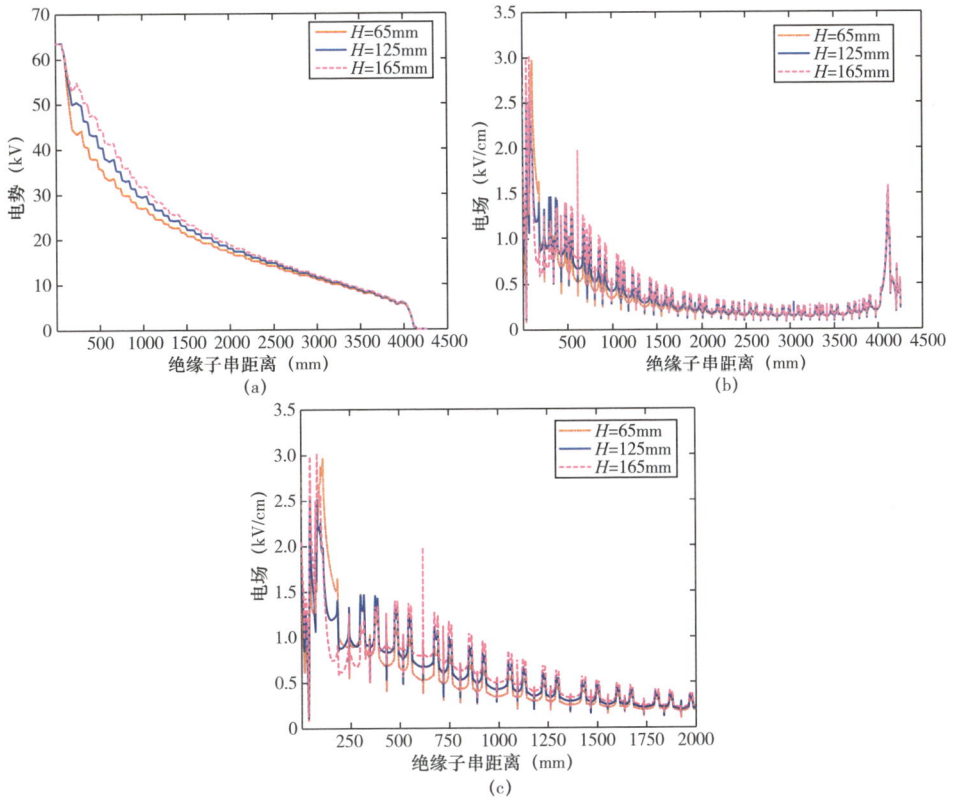

（c）

图 5-26　不同均压环罩入深度复合绝缘子沿面电场及电势分布

（a）沿面电势；（b）沿面电场；（c）局部放大（电场）

表 5-13　　　不同均压环罩入深度时复合绝缘子沿面电场强度最大值

H（mm）	沿面电场强度最大值（kV/cm）		变化幅度	
	高压端	低压端	高压端	低压端
65	2.97	1.50	+16.93%	−4.46%
125	2.54	1.57		
165	3.03	1.59	+19.29%	+1.27%

由表 5-13 可以看出，均压环罩入深度增大的过程中，高压端沿面电场强度呈现先减小后增大的趋势；低压端沿面电势出现小幅度升高。同时罩入深度增大会缩短复合绝缘子的干弧距离，导致绝缘子冲击放电电压降低，而且随着罩入深度增加，输电线路的耐雷水平降低。所以均压环的罩入深度不宜过大，110kV 可以选择均压环罩入深度 H 为 40mm 左右，此时沿面电场强度最大值为 3.49kV/cm，能使得既满足复合绝缘子沿面电场强度要求，又能使干弧距离最大。

5.3.4　绝缘包覆均压环罩入深度

在均压环表面包覆一层绝缘介质后，相当于在原有的空气间隙中加入了固体绝缘层，由于绝缘介质的绝缘强度远高于空气间隙，因此引入绝缘介质以后能够在一定程度上提高复合绝缘子原有空气间隙的绝缘强度。为研究均压环的绝缘包覆材质、厚度对复合绝缘子沿面电势及电场的影响，选择110kV 线路复合绝缘子实际使用的均压环进行对比，管径 ϕ 为 30mm，直径 D 为 260mm，罩入深度 H 为 65mm。在仿真过程中保持其余参数不变，研究单一参数变化的均压规律。

5.3.4.1　绝缘介质

复合绝缘子在安装相同厚度、不同材质的绝缘包覆均压环后，其沿面电势和电场分布会受绝缘包覆介质介电常数的影响，同时绝缘包覆介质介电常数的变化也会影响复合绝缘子电场分布。复合绝缘子在安装不同类型绝缘介质包覆均压环后，其沿面电势及电场仿真结果如图 5-27 所示。

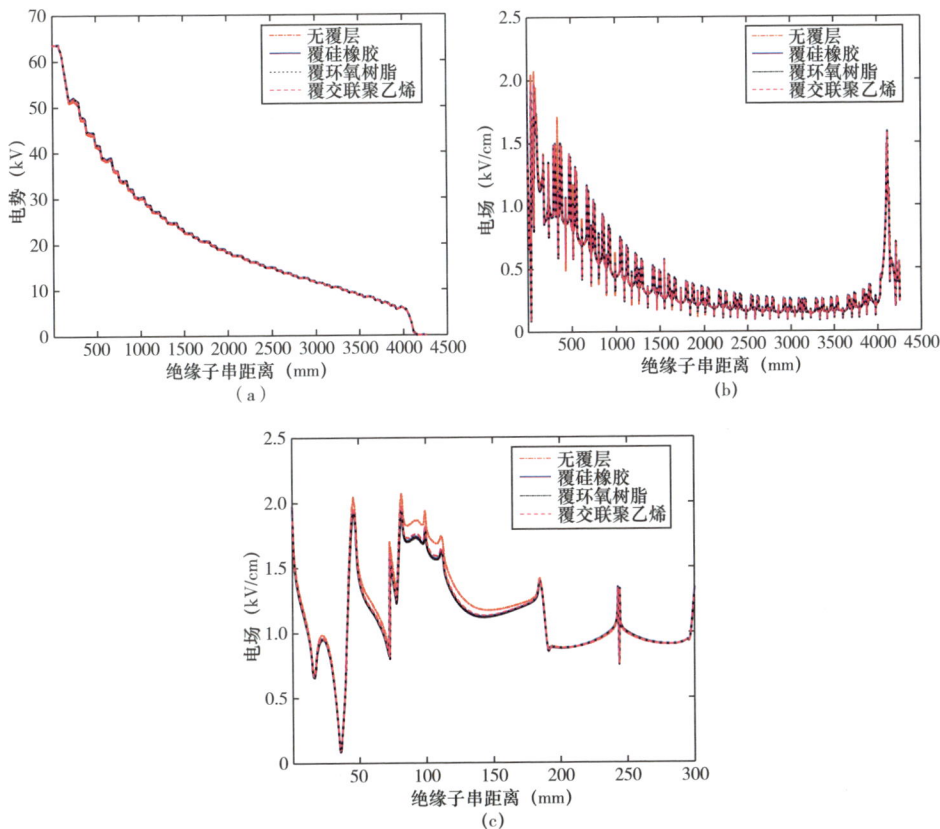

图 5-27　均压环包覆不同绝缘介质时复合绝缘子沿面电场及电势分布
（a）沿面电势；（b）沿面电场；（c）局部放大（电场）

从图 5-27（a）可以看出，加入绝缘覆层后，复合绝缘子沿面电势在一定程度上将电势线向外拉伸，但变化幅度不大，但也能看出无覆层时，复合绝缘子沿面电势位于所有曲线下方，电势分布最不均匀，因此加入绝缘覆层能略微改善复合绝缘子沿面电势分布。由图 5-27（b）可以得到均压环在包覆不同绝缘介质后复合绝缘子的沿面电场强度最大值。均压环包覆不同绝缘介

质前后沿面电场强度最大值变化如表 5-14 所示，其变化幅度为与未加覆层时进行对比。

表 5-14　均压环包覆不同绝缘介质时复合绝缘子沿面电场强度最大值

绝缘介质	沿面电场强度最大值（kV/cm）		变化幅度	
	高压端	低压端	高压端	低压端
未加覆层	2.07	1.56		
交联聚乙烯	1.98	1.58	−4.35%	+1.28%
硅橡胶	1.96	1.58	−5.31%	0
环氧树脂	1.95	1.58	−5.80%	0

由表 5-14 可知，加入绝缘覆层能够在一定程度上改善复合绝缘子沿面电场分布。随着均压环包覆绝缘介质的相对介电常数的增加，复合绝缘子沿面电场降幅增大。在三种绝缘介质中环氧树脂降电场的作用最好，但与硅橡胶相比差异不大。从三种绝缘介质的绝缘强度及对复合绝缘沿面电场的影响来看，硅橡胶是三种材料中最好的绝缘介质。

5.3.4.2　覆层厚度

不同均压环的结构对复合绝缘子周围的电场分布会产生影响，因此考虑不同覆层厚度可能也会对复合绝缘子周围电场分布产生影响。覆层厚度也是绝缘包覆均压环的一个重要参数，当绝缘覆层厚度为 8mm 电场及电势分布云图如图 5-28 所示。不同覆层厚度时复合绝缘子沿面电势及电场仿真结果如图 5-29 所示。

从图 5-29（a）中可以看出，当绝缘包覆均压环覆层厚度增加时，复合绝缘子沿面电势随绝缘覆层厚度的增加有略微向外拉伸的趋势，且覆层厚度越厚，电势分布越往上，但变化幅度很小，几乎可以忽略。由图 5-29（b）可得到覆层厚度从 4mm 增大至 8mm 时的沿面电场强度最大值。覆层厚度变化前后沿面电场强度变化如表 5-15 所示，其变化幅度为与覆层厚度为 4mm 时

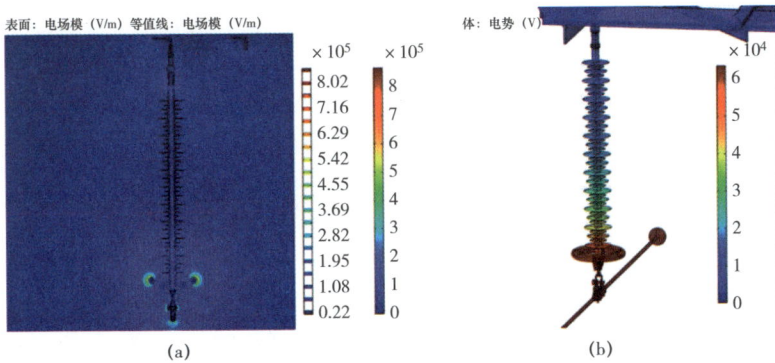

图 5-28　覆层厚度为 8mm 时复合绝缘子电场及电势分布云图

（a）电场分布；（b）电势分布

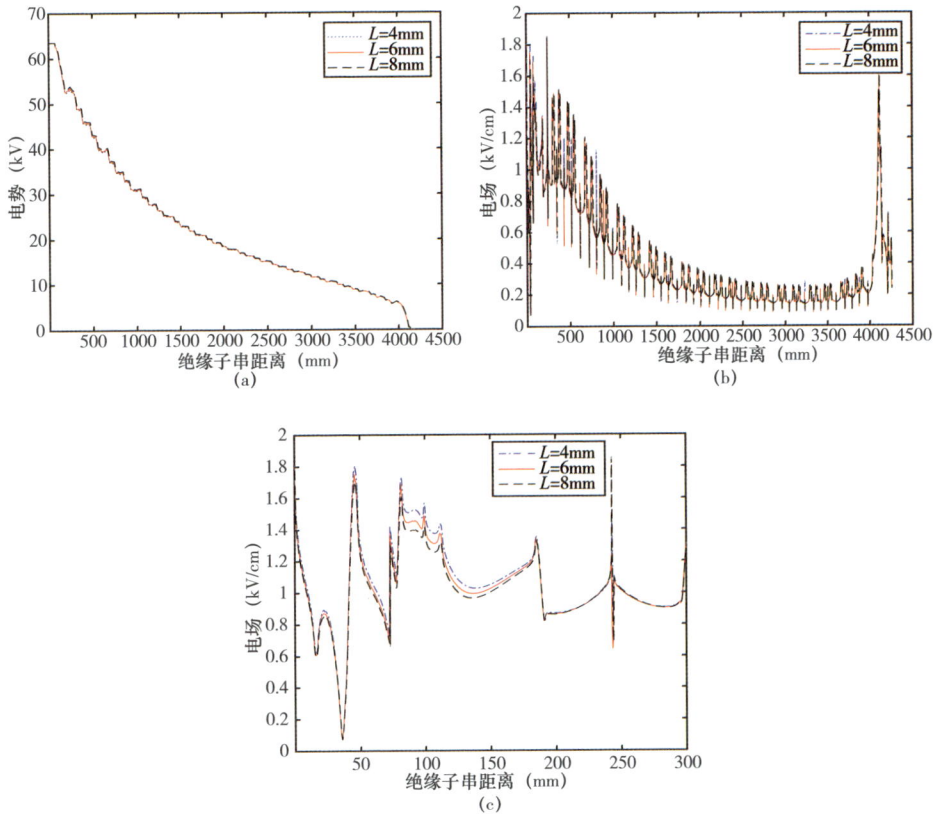

图 5-29　绝缘包覆均压环不同覆层厚度时复合绝缘子沿面电场及电势分布

（a）沿面电势；（b）沿面电场；（c）局部放大（电场）

表 5–15   绝缘包覆均压环不同覆层厚度时复合绝缘子沿面电场强度最大值

覆层厚度 （mm）	沿面电场强度最大值（kV/cm）		变化幅度	
	高压端	低压端	高压端	低压端
4	1.806	1.597		
6	1.752	1.600	−3.00%	+1.88%
8	1.708	1.605	−5.43%	+0.50%

由表 5–15 可以看出增大覆层厚度能在一定程度上增加均压环对绝缘子沿面电场的改善作用，将电场分布变得更加均匀。但降低电场的幅度逐渐下降。因此 110kV 复合绝缘子均压环绝缘覆层厚度在 0~5mm 范围比较合适。

5.4   复合绝缘子及均压环电场分布试验测试

采用有限元仿真计算方法对 110kV 输电线路复合绝缘子与均压环电场分布进行了仿真研究，为进一步验证仿真结果的有效性，在试验搭建了复合绝缘子与均压环周围电场分布测试平台，对仿真试验结果进行试验验证。绝缘包覆均压环的仿真结果表明，绝缘包覆层对复合绝缘子表面电场分布影响不大，但其电气绝缘性能只能通过试验获得。因此试制了 110kV 复合绝缘子绝缘包覆均压环，在实验室模拟现场条件，进行了鸟粪闪络试验，以验证绝缘包覆均压环可以降低复合绝缘子鸟粪闪络概率。

5.4.1   试验平台搭建

为了解复合绝缘子均压环包覆后的均压效果，需要对其表面电场分布进行测试，电场分布测试试验原理图如图 5–30 所示。其中，d 为绝缘子中心轴到金属棒的距离，分别取 x（垂直于导线）、y（平行于导线）、z（垂直于截线）作为测量方向，以绝缘子中心轴线和导线连接处为坐标原点，在原点正

下方 30cm 处，对不安装均压环、安装普通金属管状均压环、绝缘包覆均压
环的绝缘子分别沿水平截线 x、y 方向 ±20cm、±40cm、±60cm、±80cm、
±100cm 进行离散采样测量；对于垂直截线 z 方向电场的测量，沿 z 方向取若
干等间距点后沿 x 方向取离原点距离为 d 的 5 个等间距点进行采样，d 分别为
40、60、80、100、120cm。两种试验方式均重复 2~3 次后取均值与仿真结果
对比，从而分析不安装均压环、安装管状均压环、安装绝缘包覆均压环对电
场分布的影响。

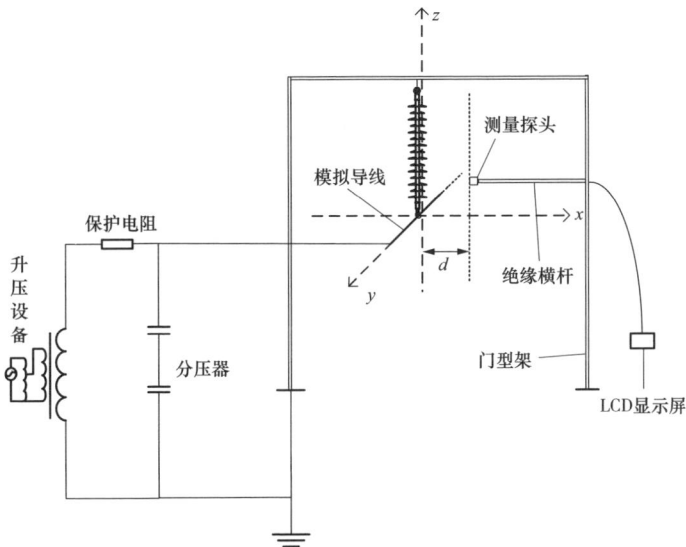

图 5-30　复合绝缘子及均压环电场分布试验原理图

　　鸟粪下落行程的通道电导率较高，一般将其视为导体。本次闪络击穿试
验忽略鸟粪下落过程的形态变化，采用长直铜棒模拟鸟粪，并对其端部进行
平滑处理。选取铜棒距绝缘子中心轴水平距离（D=20cm）作为本次闪络击穿
试验的测试距离，采用点动升压法。根据 GB 311.1—2012《绝缘配合　第 1
部分：定义、原则和规则》和 GB/T 16927.1—2011《高电压试验技术　第 1
部分：一般定义及试验要求》的有关规定，通过记录其连续多次的闪络击穿
电压，用其算术平均值作为均压环在此距离下的平均闪络击穿电压 U_{ave}，即

$$U_{ave} = \frac{\sum\limits_{i=1}^{N} U_i}{N}$$

式中：U_i 为第 i 次闪络击穿电压；N 为闪络击穿试验总次数，本次试验 $N=20$。试验水平参考距离示意图如图 5-31 所示。

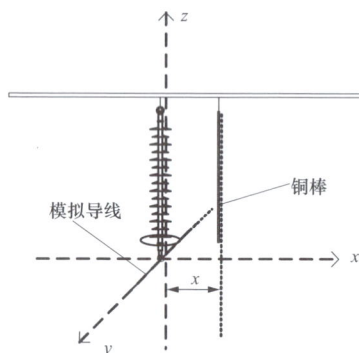

图 5-31　水平距离参考示意图

110kV 复合绝缘子绝缘包覆均压环电场测量试验采用自主设计试验平台，其中试验中门型架高 5000mm、长 5000mm、宽 130mm。复合绝缘子型号为 FXBW-110/120，复合绝缘子通过金具悬挂于横担正下方，下端与模拟导线连接，搭建平台如图 5-32 所示。

图 5-32　试验平台搭建图

试验所用测量电场强度的仪器型号为 SEM-600，其主要技术参数表如表 5-16 所示、仪器如图 5-33 所示。SEM-600 电磁辐射分析仪，具有良好稳定的性能，基于大量的检测实践，具有广泛标准适用性。试验高压电源采用 HRYDJW 型试验变压器，最大输出电压 200kV，最大输出电流为 250mA，测量用交直流分压器型号为 NHRC，额定电压为 100kV，变比为 1000∶1，精度为 2%。

表 5-16　　　　　　　　　　　电场测量仪 SEM-600 技术参数

	频率范围	1Hz~400kHz
LF-04 探头	电场量程	5MV/m~100kV/m
	磁场量程	1nT~10mT
SEM-600 主机	额定电压	4.6V
	额定电流	6800mAh
光纤传输线	长度	5m

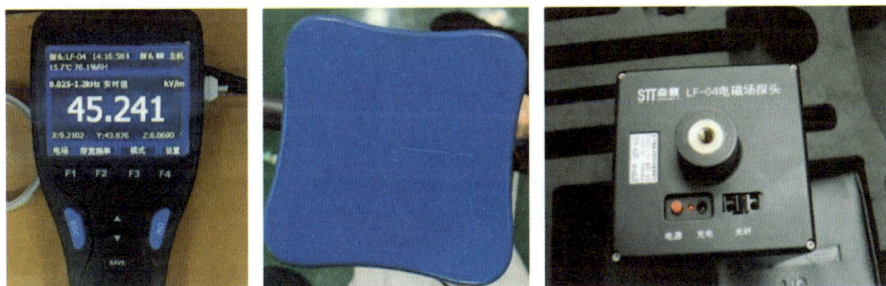

图 5-33　电场测量仪

5.4.2　绝缘包覆均压环的设计

根据 110kV 复合绝缘子常用均压环尺寸（管径 $\Phi=30\text{mm}$、直径 $D=260\text{mm}$），定制一套尺寸略大于均压环的（直径 $D=300\text{mm}$、内壁厚度 $\delta=15\text{mm}$）硅橡胶外套用于对均压环的嵌套，参考设计图如图 5-34 所示。

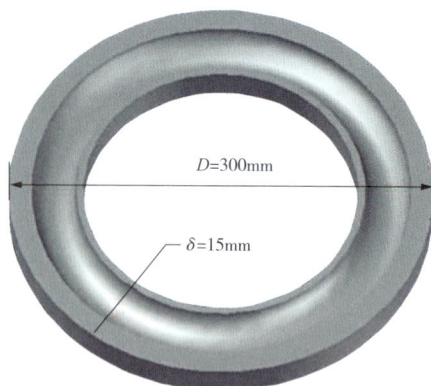

图 5-34 硅橡胶外套设计图

RTV 硅橡胶（室温硫化型硅橡胶）材料性能稳定，具有良好的绝缘性能，较小的介电常数和介电损耗角正切，并且对频率和温度变化稳定，耐电晕、耐电弧，且无毒无味、无腐蚀，因此选其作为包覆均压环的绝缘包覆材料，用于与均压环连接部分的间隙填充。绝缘包覆均压环样品如图 5-35 所示。

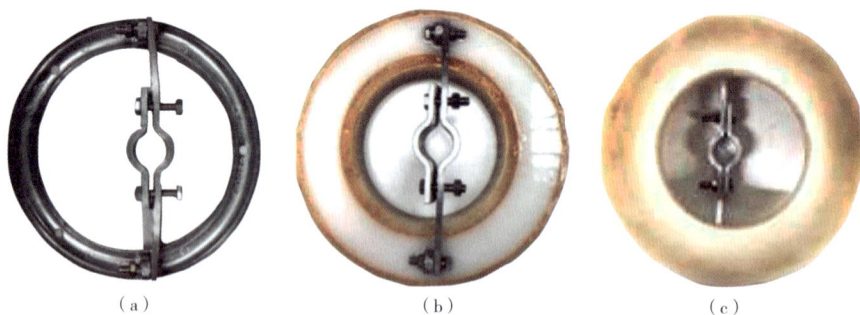

（a）　　　　　　　　　（b）　　　　　　　　　（c）

图 5-35 普通均压环与绝缘包覆均压环
（a）普通金属均匀环；（b）绝缘包覆均压环正面；（c）绝缘包覆均压环背面

绝缘包覆均压环起初采用一次性浇筑成型法，但由于气泡较多，会严重影响其绝缘性能。通过分析发现，液体变固体是一个物理过程，除水化冰体积会增加，其他材料由液体变固体均会体积减小。胶体浇筑初期，其表面先接触空气固化形成硬薄膜层，此刻胶体内部依旧为液态。当后期胶体内部逐渐固化，体积开始收缩，由于胶体表面已变硬导致胶体内外收缩性不一致，因此胶体内部会形成孔洞，即胶体内外部分固化速度不一致导致一次浇筑成型的硅橡胶内部存在孔洞。后续对绝缘包覆均压环工艺进行改进，采用分层浇筑法进行浇筑，避免了该问题的出现。

分层浇筑法的具体步骤为：

（1）制作模底。采用浓度为75%的酒精将硅橡胶外套表面污渍进行清洗，在真空无菌条件下进行自然晾干后，在模具底部注入一层厚度为1~2mm的RTV胶，让其在室温下固化成型，此薄层作为模底。

（2）刷模。在已成型的模底上，通过喷枪进行喷涂，每次喷涂厚度为1mm左右，喷涂过程注意均匀平整，在真空无菌下进行固化成型后，重复此操作多次直至模具内部空隙全部填充。

（3）模具优化。将制作好的样品进行表面抛光，对表面不平整部分进行优化处理，避免表面毛刺、气泡的产生。

采用分层浇筑法后，所获得的试验样品如图5-35（b）所示，从成品可以看出分层浇筑法相比一次性浇筑成型法效果更好，几乎没有气泡，但整体耗时长达一周。

5.4.3 复合绝缘子及均压环电场分布测试与仿真结果分析

5.4.3.1 水平截线方向电场分布试验与仿真结果分析

未安装均压环时绝缘子周围电场随水平截线距离变化的分布规律如图5-36所示。可以看出，处于导线正下方的电场强度最高，随着导线距离的增加电场强度均呈不同程度的下降趋势，复合绝缘子及导线附近的电场仿真和试验测试结果的分布规律一致，仅在导线正下方电场的仿真与测试结果存在一定的差异，但最大差异小于10%，该处可能是由于实际悬垂线夹的螺母形状不规则，仿真建模的螺母与实际应用的螺母形状结构存在差异所导致的。

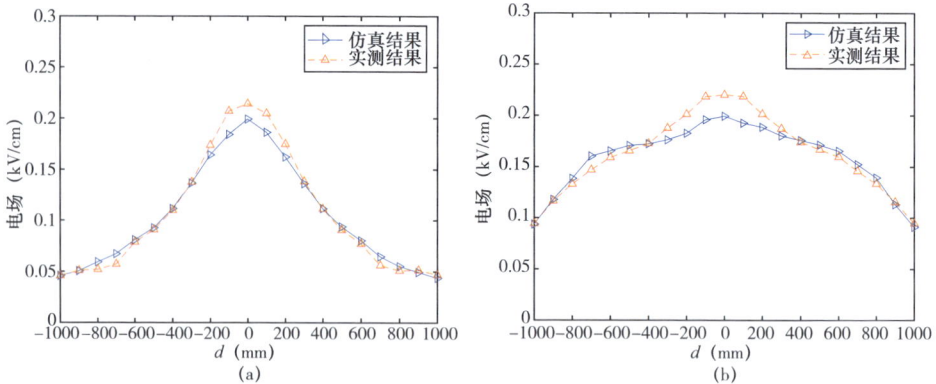

图 5-36　未安装均压环时绝缘子周围电场随水平截线距离变化的分布规律

（a）垂直导线（x轴方向）；（b）平行导线（y轴方向）

为进一步验证仿真模型电场仿真结果的有效性，在复合绝缘子安装普通金属管状均压环和绝缘包覆均压环后，对绝缘子及导线周围电场进行仿真和试验测试，试验结果如图 5-37 和图 5-38 所示。

从图 5-38 可以看出，安装普通金属管状均压环绝缘子周围电场分布的仿真结果和试验结果较吻合、最大的幅值误差也在 7.4% 以下。绝缘包覆均压环的结果与普通金属管状均压环的规律一致，绝缘包覆均压环平行导线方向比垂直导线方向的误差大。考虑到试验当天温度湿度的变化较为明显，电缆的

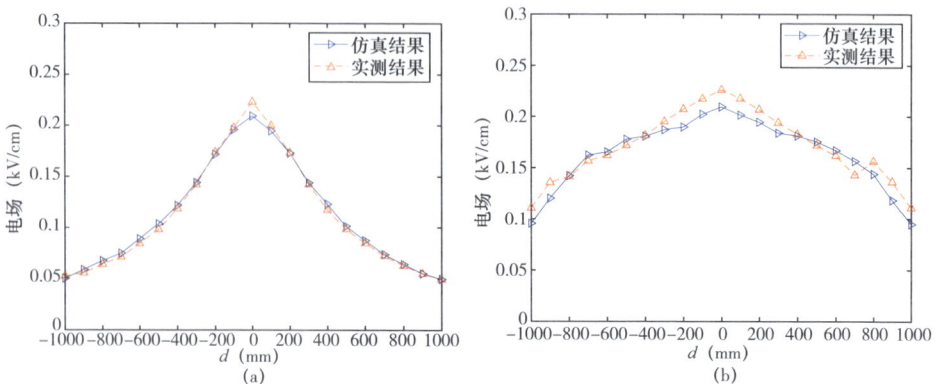

图 5-37　安装普通金属管状均压环时绝缘子周围电场随水平截线距离变化的分布规律

（a）垂直导线（x轴方向）；（b）平行导线（y轴方向）

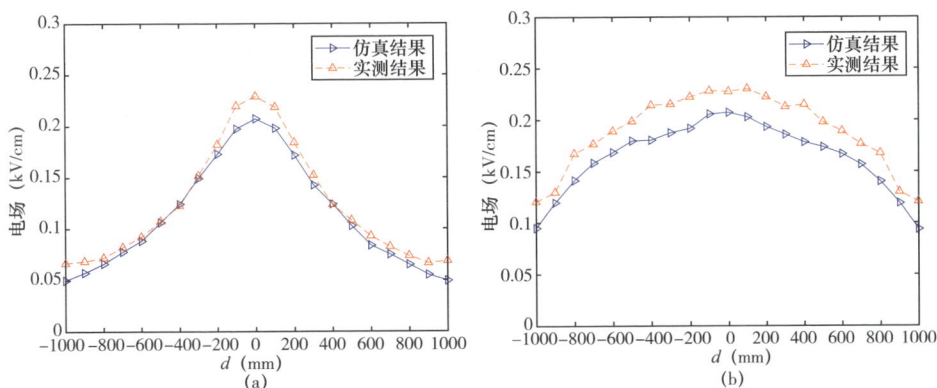

图 5-38 安装绝缘包覆均压环时绝缘子周围电场随水平截线距离变化的分布规律

（a）垂直导线（x 轴方向）；（b）平行导线（y 轴方向）

形状不规则影响了电场分布，可能导致试验结果和仿真结果较普通金属管状均压环略大，但误差始终在 10% 以下。

因此，不安装均压环、安装普通金属管状均压环和绝缘包覆均压环对 110kV 复合绝缘子周围电场的影响不大。

5.4.3.2 垂直截线方向电场分布试验与仿真结果分析

对垂直截线 z 轴方向的绝缘子同样采用不安装均压环、安装普通金属管状均压环和绝缘包覆均压环的方式分析均压环对复合绝缘子周围电场分布的影响。

未安装均压环后绝缘子周围电场随垂直截线距离的变化规律如图 5-39 所示。在不安装均压环时固定绝缘子中心轴到铜棒之间的距离，沿 z 方向取若干等间距点后，沿 x 方向取离原点距离为 d 为 40、60、80、100、120cm 五个点进行采样。整体的电场变化的规律是自初始点随着距离的增大电场逐渐降低，第一个采样点的误差比其他点较大，由于靠近导线中心，螺母的不规则以及导线不平整导致电场可能发生了畸变。总体试验和仿真的数据误差在 10% 以下，误差较小。

安装普通金属管状均压环后，绝缘子周围电场随垂直截线距离的变化规律如图 5-40 所示，可以看出，安装普通金属管状均压环的试验与仿真结果总体的分布规律一致，在第一个采样点可能因为同样的原因导致电场畸变，有

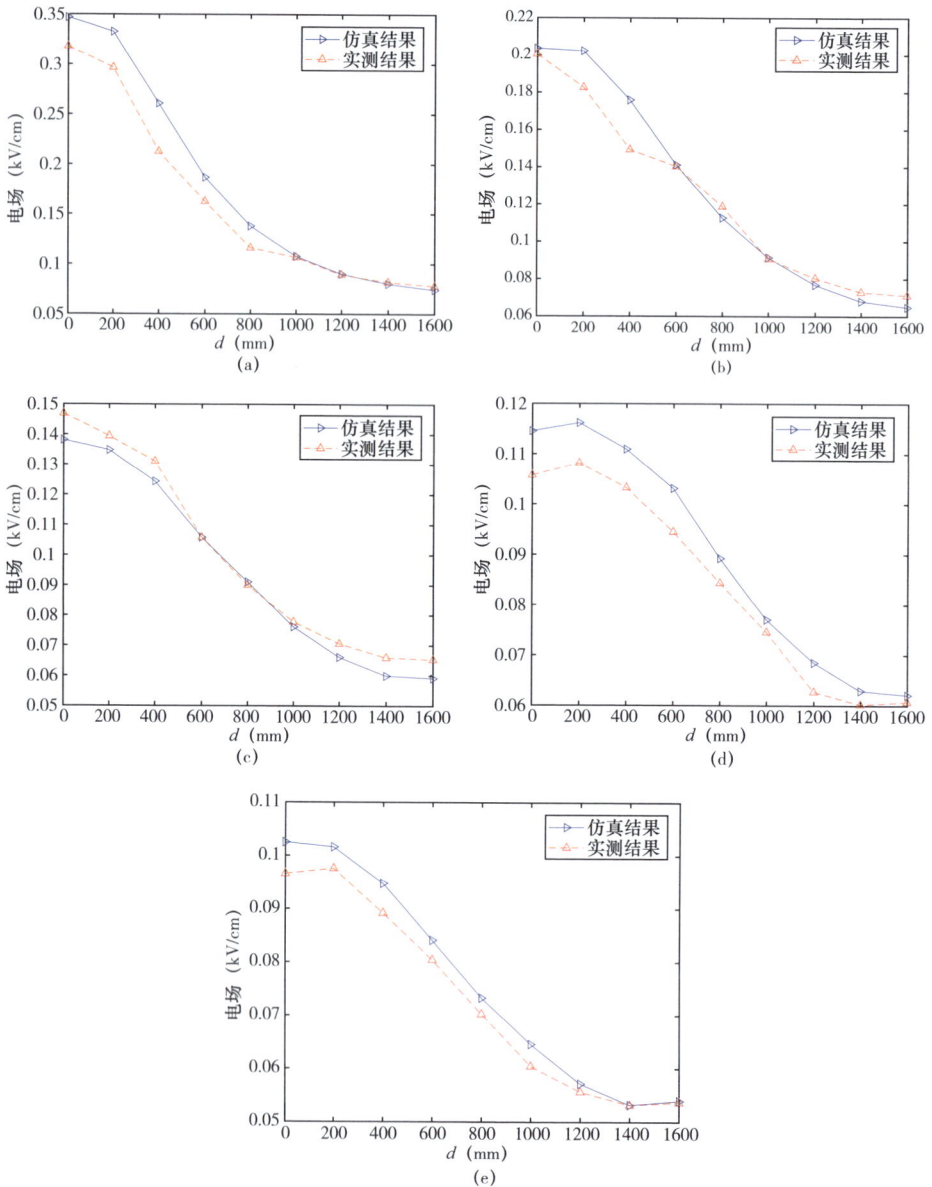

图 5-39 未安装均压环后绝缘子周围电场随垂直截线距离的变化规律

（a）*d*=40cm；（b）*d*=60cm；（c）*d*=80cm；（d）*d*=100cm；（e）*d*=120cm

较小的差距。但总体的误差也在 12% 以下，且其绝缘子周围电场分布规律与
未安装均压环的分布规律一致。

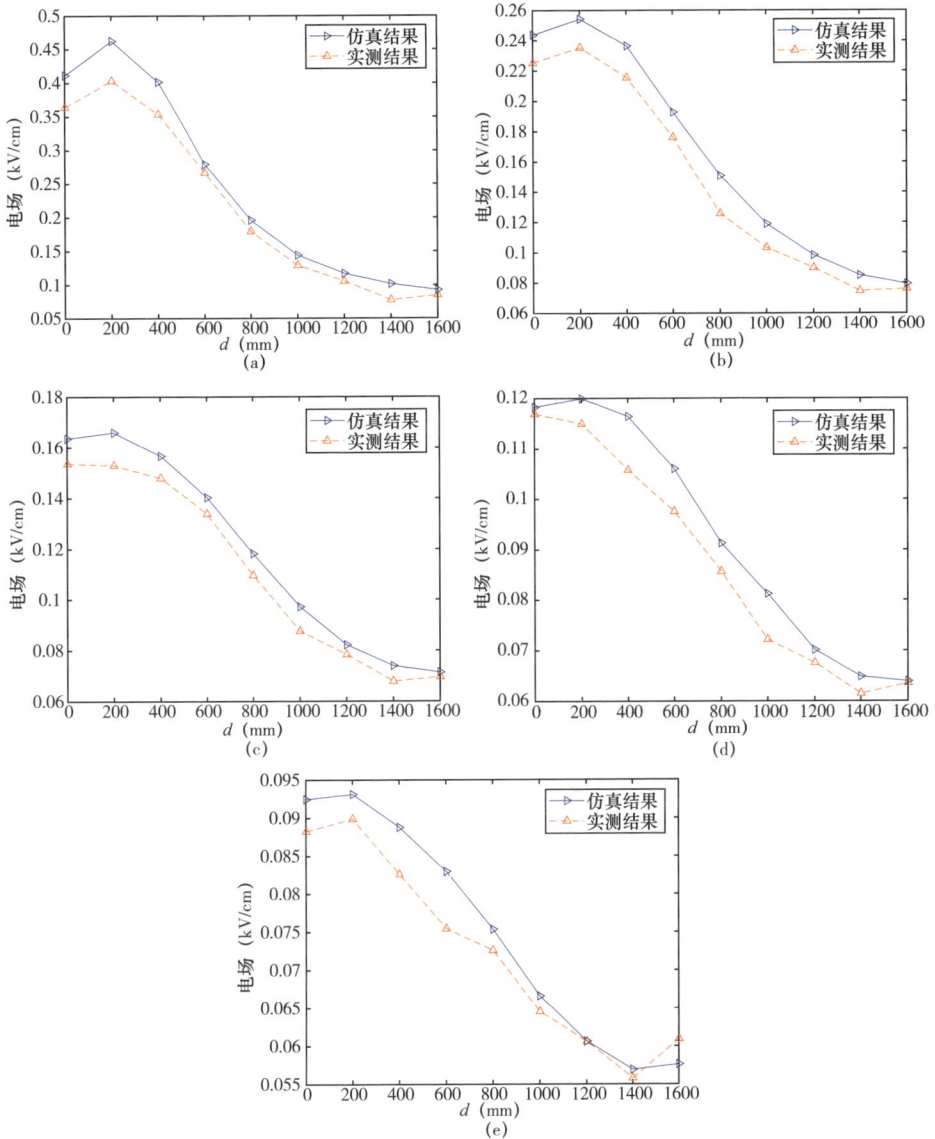

图 5-40　安装普通金属管状均压环后绝缘子周围电场随垂直截线距离的变化规律

（a）d=40cm；（b）d=60cm；（c）d=80cm；（d）d=100cm；（e）d=120cm

安装绝缘包覆均压环后绝缘子周围电场随垂直截线距离的变化规律如图 5-41 所示。从图中可以看出，在安装了绝缘包覆均压环后，复合绝缘子电场分布规律仍然是随着距离的增大而降低，仿真结果与实测结果有一定的差异，

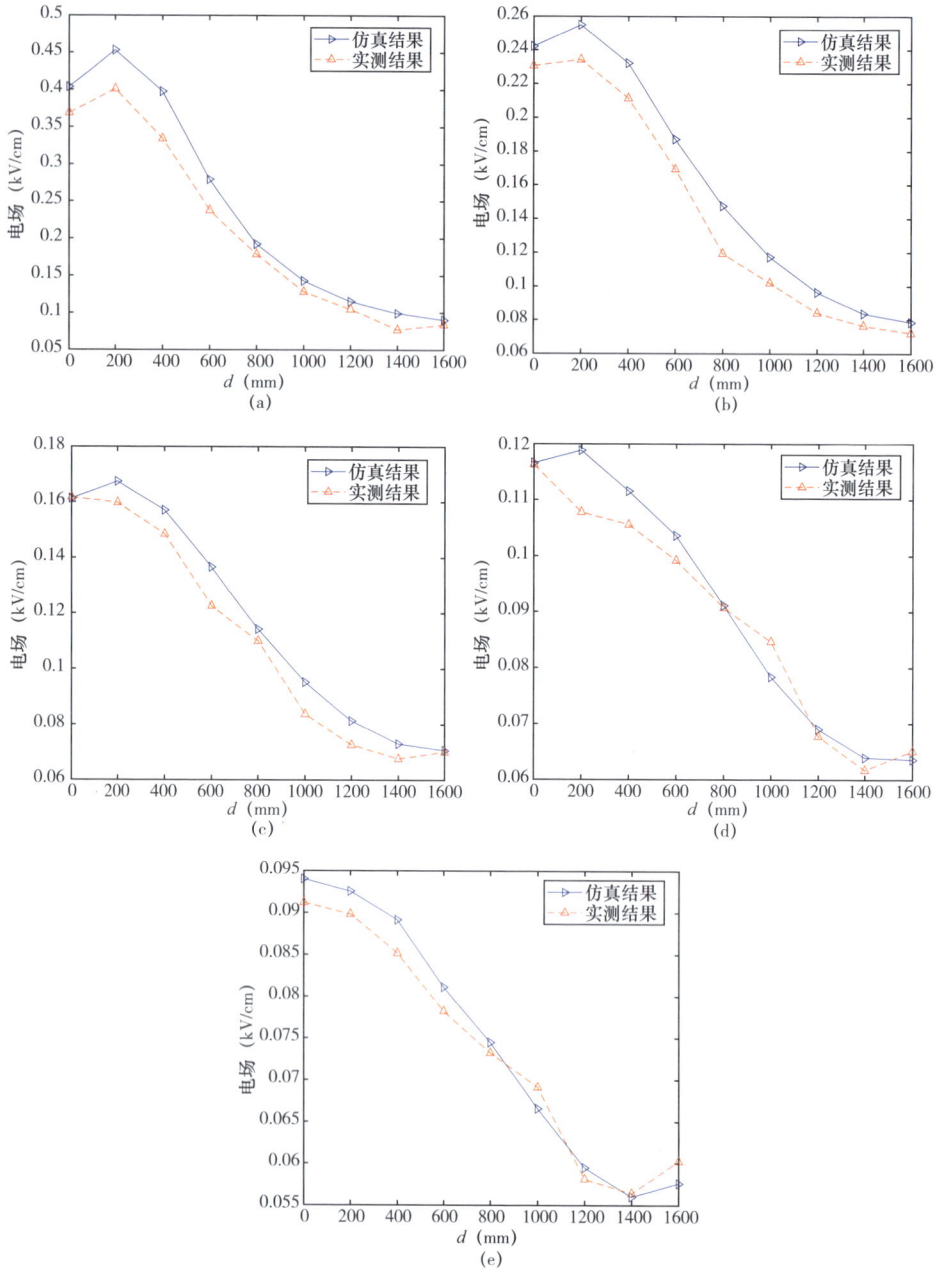

图 5-41　安装绝缘包覆均压环后绝缘子周围电场随垂直截线距离的变化规律

（a）$d=40$cm；（b）$d=60$cm；（c）$d=80$cm；（d）$d=100$cm；（e）$d=120$cm

但总体误差也在 10% 以下，误差较小。

不同均压环绝缘子周围电场随水平截线的距离变化规律的仿真结果如图 5-42 所示。不安装均压环、安装普通金属管状均压环、绝缘包覆均压环，垂直导线和平行导线的仿真结果较吻合，电场的分布规律是随着距离的增大而减小，平行导线方向的电场强度随距离的增大而缓慢减小，垂直导线方向的电场强度随距离的增大而迅速减小，由此得出结论，绝缘子不安装均压环、安装普通金属管状均压环、绝缘包覆均压环对电场分布的影响较小，可忽略不计。

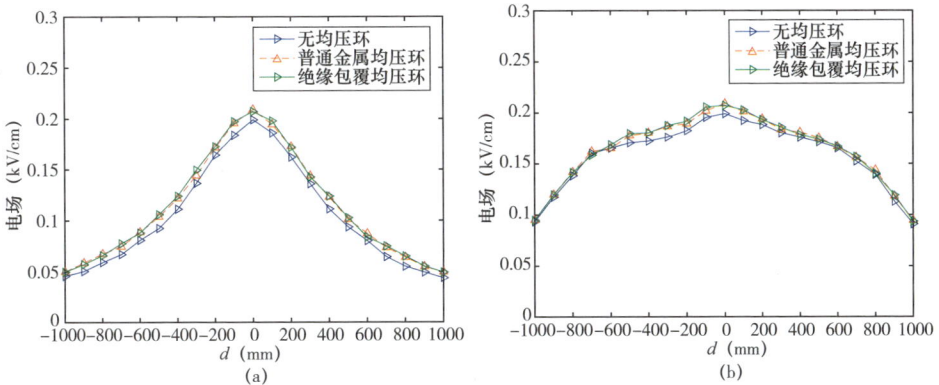

图 5-42　不同均压环绝缘子周围电场随水平截线的距离变化规律的仿真结果
（a）垂直导线（x 轴方向）；（b）平行导线（y 轴方向）

安装不同均压环后复合绝缘子周围电场随水平截线的距离变化规律的实测结果如图 5-43 所示，不同均压环的试验结果略有误差，人为测量误差、导线不笔直也对电场分布造成了影响。试验结果表明，安装不同均压环后，复合绝缘子周围电场随水平截线距离变化规律的实测结果与仿真结果总体趋势一致，且数据差值不显著。不安装均压环、安装普通金属管状均压环、安装绝缘包覆均压环对电场分布的影响不大。

综合最终结果，无均压环的电场在垂直导线、平行导线方向仿真和试验的结果相差不大。相较于平行于导线方向，垂直于导线的误差要更小一点。

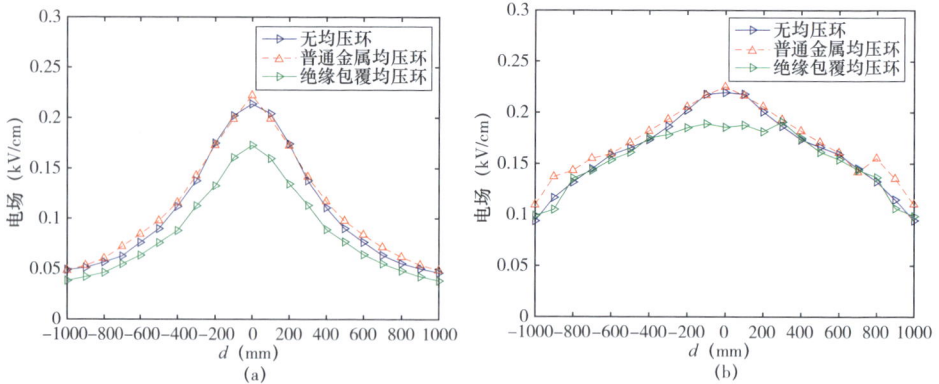

图 5-43　安装不同均压环后复合绝缘子周围电场随水平截线的距离变化规律的实测结果
（a）垂直导线（x 轴方向）；（b）平行导线（y 轴方向）

但在导线正下方时电场与仿真结果相比有明显的增高，可能与测量探头本身自带一定电场有关。普通金属管状均压环的电场分布试验结果与仿真结果对比在平行于导线方向和垂直于导线方向都比较吻合，误差较小。均压环最大的幅值误差也维持在 12% 以下，但整体情况与仿真结果基本相符。

5.4.3.3　不同均压环垂直截线试验和仿真结果分析

安装不同均压环后复合绝缘子周围电场随垂直截线的距离变化的仿真和试验结果如图 5-44 所示，从图中可以看出，仿真与实测的数据基本吻合。

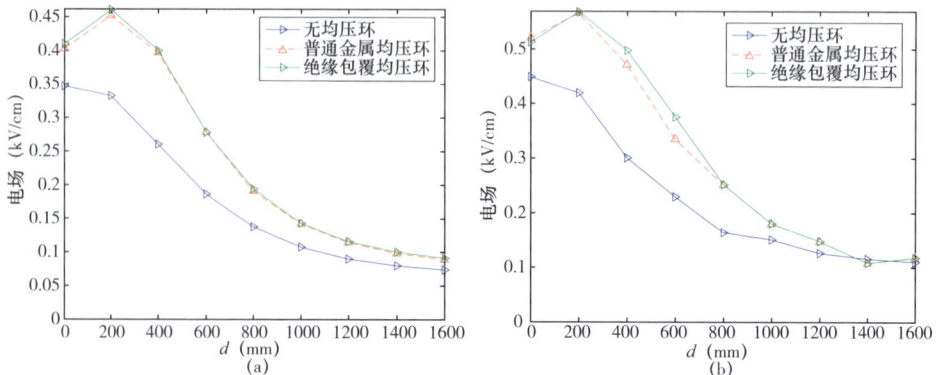

图 5-44　安装不同均压环后复合绝缘子周围电场随垂直截线的
距离变化的仿真和试验结果（一）
（a）仿真 d=40cm；（b）试验 d=40cm

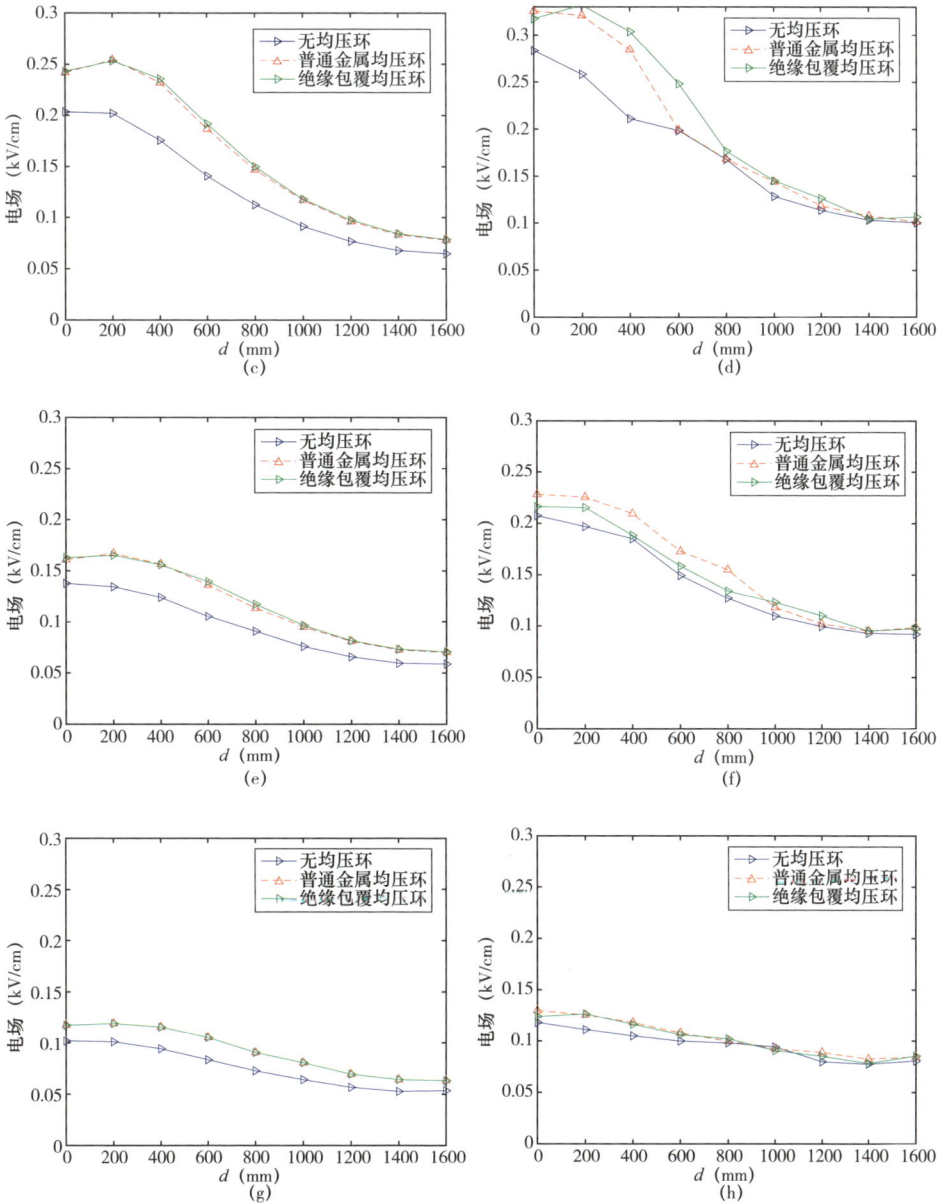

图 5-44　安装不同均压环后复合绝缘子周围电场随垂直截线的
距离变化的仿真和试验结果（二）

（c）仿真 d=60cm；（d）试验 d=60cm；（e）仿真 d=80cm；（f）试验 d=80cm；
（g）仿真 d=100cm；（h）试验 d=100cm

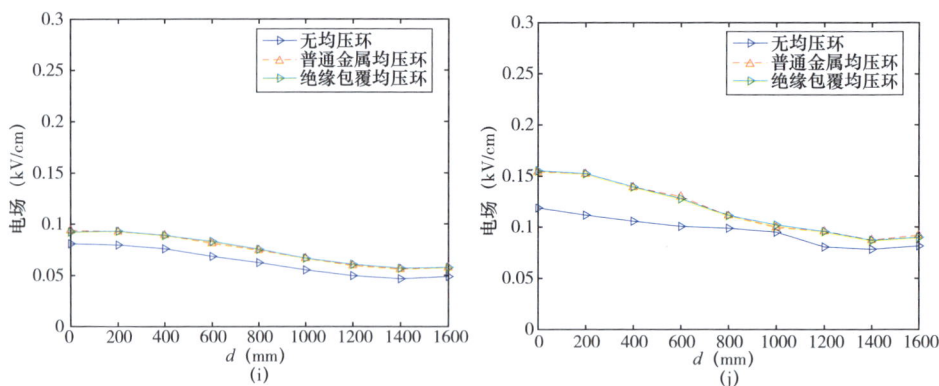

图5-44 安装不同均压环后复合绝缘子周围电场随垂直截线的距离变化的
仿真和试验结果（三）

（i）仿真 d=120cm；（j）试验 d=120cm

对比实测结果和仿真结果的差值，发现安装不同均压环后，复合绝缘子周围电场随垂直截线距离变化的差值大于随水平截线距离变化的差值，但实测结果和仿真结果的总体电场分布规律是一致的。电场随着距离的增大逐渐减少，距离越近，电场下降的越快；距离越远下降的越慢趋势也更加平缓。从图中也可以看出，无均压环的电场比普通金属管状均压环、绝缘包覆均压环的要低，但总体误差也在10%以下，未安装均压环、安普通金属管状均压环、安装绝缘包覆均压环的试验和仿真的结果差值较小。

5.4.3.4 绝缘包覆均压环的耐压测试

绝缘包覆均压环绝缘部分由内部填充的5mmRTV材料部分与硅橡胶外套厚度组成，因其本质都是硅橡胶，所以在实际应用中可视为一体。在试验中，关于覆层的厚度改变，保持内部的RTV材料部分不变，对硅橡胶外套厚度 δ 进行改变，由于工艺问题，厚度分别削减至15、10、8mm，绝缘包覆均压环覆层结构图如图5-45所示。

本节所用110kV复合绝缘子实际运行工作在63.5kV下，通过20次闪络击穿测试，普通均压环有16次在 x=24cm、z=0cm 处的闪络击穿。故在此距离下，对安装不同覆层厚度的绝缘包覆均压环的绝缘子进行耐压测试。试验中

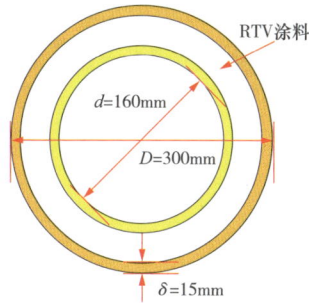

图 5-45　绝缘包覆均压环结构图

通过模拟导线，对绝缘包覆均压环的绝缘子施加 63.5kV 恒压，维持 15min 不发生闪络则耐压通过。本试验重复三次，若其中一次发生闪络，则耐受试验不通过。耐受试验结果如表 5-17 所示。

表 5-17　　不同覆层厚度的绝缘包覆均压环在 63.5kV 下的耐受试验

覆层厚度（mm） 试验次数	0	8	10	15	20
第一次	●	○	○	○	●
第二次	●	○	○	○	○
第三次	●	○	○	○	○

注　●表示发生闪络，○表示耐受测试通过，0mm 表示普通均压环，本次试验环境温度变化范围为 15.7~16.2℃，湿度变化范围为 79.8%RH~83.2%RH。

通过本次试验，除覆层厚度为 20mm 的绝缘包覆均压环有一次未通过耐受试验外，其余三次均成功通过 15min 的耐受测试，表明覆层为 8、10、15、20mm 的绝缘包覆均压环，可承受实际运行时的 63.5kV 电压。

5.4.3.5　不同覆层厚度的绝缘包覆均压环闪络击穿测试

绝缘包覆均压环成功通过耐受试验后，对 20、15、10、8、0mm 五种不同覆层厚度的绝缘包覆均压环在 $x=20cm$、$z=0cm$ 处进行了闪络击穿测试。每组试验重复 20 次后取算数平均值处理，试验结果如表 5-18 所示。

从表 5-18 中数据中可以看出，试验中，覆层厚度为 8mm 的绝缘包覆均

表 5-18　　　　　不同覆层厚度均压环闪络击穿电压　　　　　（kV）

覆层厚度（mm）	0	8	10	15	20
闪络电压	57.8	74.1	64.2	59.8	66.9
	58.6	73.6	59	68.8	64.6
	56.7	77.6	69.9	65.9	68.6
	55.5	79.3	65.9	67.7	70.00
	54.4	72.8	66.1	60.8	69.4
	57.5	71.9	65.7	67.4	60
	57.7	69.2	65.2	64.7	69
	56.9	72.5	63.1	69.7	62
	59	73.9	71.2	65.2	59.4
	57	71.8	68.6	67.3	59
	56	71.3	66.2	69.5	64.89
	58.7	72.4	60.1	67.1	63.74
	55.3	75.5	62.8	66.3	62.55
	49.9	77.4	61.5	58.8	66.64
	54.7	69.6	61.3	58.3	65.32
	53.8	70.2	61.6	58.8	61.25
	54.2	70.1	63.3	64.2	66.2
	56.6	71.9	61.8	55.9	59.8
	58.1	76.2	61.8	58.9	67.2
	55.7	71.8	66	59.2	64.51
平均值 U_{ave}	56.20	73.15	64.27	63.175	64.89

　注　试验环境温度变化范围为 15.5~16℃，湿度变化范围 79.8%RH~83.2%RH，0mm 表示普通均压环。

压环对于闪络击穿电压 U_{ave} 的提高效果较为明显，相较于未绝缘包覆均压环击穿闪络电压提高了 30.15%，而覆层厚度为 10、15、20mm 的绝缘包覆均压环闪络击穿电压 U_{ave}，相较于未绝缘包覆均压环的平均闪络电压 U_{ave} 分别仅提高 15.45%、12.41%、14.36%。平均闪络击穿电压 U_{ave} 虽然都有一定的提高，但提升效果并不明显。表明绝缘覆层厚度并非越厚越好，这可能与鸟类闪络时间隙的击穿过程有关。鸟粪闪络击穿过程如图 5-46 所示。

图 5-46　绝缘包覆均压环闪络击穿图

从图 5-46 可以看出，放电过程实质由两个过程组成，分别是对空气间隙的击穿和均压环表面的沿面放电。空气是良好的绝缘介质，相较于表面沿面闪络的放电，空气间隙击穿需要更强的电场让空气中的分子发生碰撞电离形成放电通道，所需要的能量也更大。因此在距离一定时，覆层厚度越大，空气间隙就相对减少，相当于短接了部分空气，多出的能量就用于绝缘包覆均压环表面闪络放电，而固体表面的闪络电压又远低于空气击穿电压，所以整体的闪络击穿电压可能就难以提高。

5.4.3.6　绝缘包覆均压环的干湿闪测试

考虑西北地区昼夜温差较大，设备表面可能会出现凝露现象，同时受降雨的影响，绝缘包覆均压环表面可能会附有部分水膜。由于水膜具有离子电导，离子在电场中沿绝缘表面移动，电极附近逐渐累积起电荷，使电解质表面电压分布不均匀，比起干燥条件，极易发生沿面闪络。为了保证的绝缘包覆均压环在湿闪条件下也能表现出良好的绝缘效果，在 $x=24cm$、$z=0cm$ 处对

覆层为 8mm 的绝缘包覆均压环又进行了湿闪测试。对于凝露的模拟，将纯净水通过喷壶进行面喷，以保证水滴成分散状态，更加真实的模拟其自然界的凝露，试验现场模拟样品如图 5-47 所示。安装不同均压环的绝缘子的干、湿闪电压如表 5-19 所示。

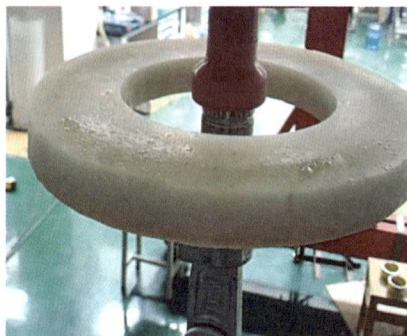

图 5-47　凝露模拟现场样品

表 5-19　　安装不同均压环的复合绝缘子的干湿闪电压（*x*=24cm）

序号	安装普通均压环时复合绝缘子干闪击穿电压（kV）	均压环覆层厚度为 8mm 时，复合绝缘子干闪击穿电压（kV）	均压环覆层厚度为 8mm 时，复合绝缘子湿闪击穿电压（kV）
1	61.4	75.1	64.8
2	61.7	78.9	63.4
3	63.7	77.4	65
4	61.6	77.0	66.8
5	64.2	80.1	67.6
6	62.6	78.5	63.6
7	65.1	78.2	64.5
8	59.3	74.5	73.7
9	64.2	82.1	78.8
10	63.1	80.3	67.2
11	62.3	79.1	70.5

序号	安装普通均压环时复合绝缘子干闪击穿电压（kV）	均压环覆层厚度为8mm时，复合绝缘子干闪击穿电压（kV）	均压环覆层厚度为8mm时，复合绝缘子湿闪击穿电压（kV）
12	61.5	76.7	71.2
13	66.2	78.3	67.9
14	63.7	79.3	70.2
15	62.2	75.5	74.7
16	64.4	79.7	71.4
17	62.2	81.8	73.6
18	65.5	80.7	72.5
19	62.2	75.7	70.4
20	64.7	79.6	68.5
U_{ave}（kV）	63.51	78.25	69.32

注 试验环境温度变化范围 16.5~17℃，湿度变化范围 81.8%RH~82.6%RH。

从表 5-19 中可以看到，在干燥条件下，均压环覆层厚度为 8mm 时，复合绝缘子平均击穿闪络电压 U_{ave} 达到了 78.25kV，相较于普通均压环的平均闪络击穿电压，U_{ave} 提升 14.65kV。在湿闪条件下，其平均闪络击穿电压 U_{ave} 也依旧高于普通均匀环，达到了 69.32kV。从湿闪的数据变化来看，后期击穿闪络电压是有所增加的，考虑到可能是硅橡胶材料具有良好的憎水性，到了后期憎水性得到一定的恢复，闪络击穿电压因此有所升高，间接表明选择硅橡胶作为绝缘材料是非常合适的。

5.4.3.7 绝缘包覆均压环的圆角优化

在研究绝缘子包覆均压环厚度的基础上，进一步分析绝缘包覆均压环物理性状对复合绝缘子电场分布的影响。通过前面试验可知，厚度为 8mm 的绝缘包覆均压环对于闪络击穿电压提升较好。对其边角处又进行了圆角处理，圆角处理后绝缘包覆均压环如图 5-48 所示，圆角处理后的绝缘均包覆压环在干湿闪电压如表 5-20 所示。

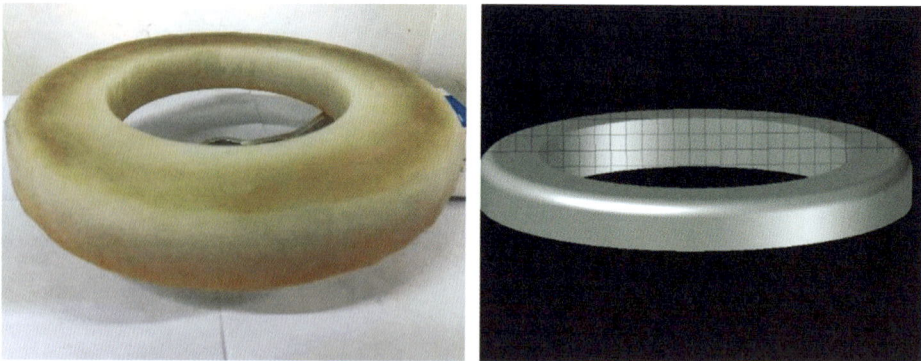

图 5-48　圆角处理后绝缘包覆均压环

表 5-20　圆角处理后的绝缘均包覆压环在干湿闪电压（绝缘覆层 8mm，$x=24$mm）

序号	干闪电压（kV）		湿闪电压（kV）	
	未圆角处理	圆角处理后	未圆角处理	圆角处理后
1	75.1	80.2	64.8	69
2	78.9	82.5	63.4	74.1
3	77.4	81.6	65	69.8
4	77.0	84.6	66.8	65.8
5	80.1	81.8	67.6	71.4
6	78.5	84.1	63.6	72.6
7	78.2	81.4	64.5	68.1
8	74.5	79.5	73.7	68.9
9	82.1	81.2	78.8	73.7
10	80.3	78.7	67.2	68.5
11	79.1	79.4	70.5	71.2
12	76.7	78.9	71.2	70.5
13	78.3	78.7	67.9	69.1
14	79.3	80.1	70.2	73
15	75.5	79.9	74.7	66.7

序号	干闪电压（kV）		湿闪电压（kV）	
	未圆角处理	圆角处理后	未圆角处理	圆角处理后
16	79.7	82.1	71.4	67.6
17	81.8	79.1	73.6	68.9
18	80.7	77.8	72.5	67.8
19	75.7	79.5	70.4	69.9
20	79.6	81	68.5	65.3
U_{ave}（kV）	78.25	80.605	69.32	69.60

注 试验环境温度变化范围 16.8~17.5℃，湿度变化范围 79.8%RH~81.6%RH。

通过表 5-20 的试验结果可知，圆角处理后，绝缘包覆均压环的干湿闪电压相较于未经处理的绝缘包覆均压环，U_{ave} 均有一定程度的提高。这与均压环直角边缘经圆角化处理后变为弧形有关，减少了尖端放电概率，降低发生鸟粪闪络击穿的概率。

6

主要涉鸟故障鸟种
及其习性

全世界已知的 9 条主要候鸟迁徙路线，穿越我国的主要有 3 条，全球约 20%~25% 的候鸟会飞越我国。鸟类分布因自然环境和气候条件不同而存在差异，因此需要针对性地采取防鸟措施以提升涉鸟故障防治水平。本章总结了架空输电线路主要涉鸟故障的鸟种类别、习性、分布范围等信息，为运维单位识鸟和进行差异化涉鸟故障防治提供数据支持。

6.1 鸟类分布及其迁徙

根据鸟类在某地居留状态，可将其分为留鸟和候鸟。留鸟指一年四季均停留在某个地区、不做长距离迁徙的鸟类（描述全国范围内的居留型时，短距离的垂直迁移一般亦记为留鸟）。候鸟亦成季候鸟，泛指在当地并非全年留居的鸟列，一般可细分为夏候鸟、冬候鸟或旅鸟中的一种（某些地区或有多种居留型混合出现的情况）。

鸟类在每年的某一个季节，从一个活动区域迁移到另一个活动区域的现象成为鸟类的迁徙。其中最引人关注的是由北向南的冬季迁徙和由南向北的春季迁徙。我国的国土跨越了热带、亚热带、温带等自然气候带，地形由东部平原逐渐上升为青藏高原，复杂的地形地貌造就了多种多样的生态环境，为 1348 种鸟类提供了良好的繁殖地、越冬地和停歇地，我国位于南北半球鸟类迁徙的重要地带，共有候鸟 565 种，种类居亚洲之首，候鸟通常一年迁徙两次，春季由越冬地北迁至温度更低的繁殖地，秋季则由繁殖地南迁至温度更温和的越冬地。候鸟迁徙的主要原因，一是寻找食物和繁殖，一般迁徙到温带地区；二是为了避开寒冷天气，一般迁徙到热带地区。

全球共有 9 条迁徙路线：大西洋迁徙路线、黑海—地中海迁徙路线、东

非—西亚迁徙路线、中亚迁徙线、东亚—澳大利亚迁徙线、美洲—太平洋迁徙线、美洲—密西西比迁徙线、美洲—大西洋迁徙线、环太平洋迁徙线，其中3条在我国，即西部候鸟迁徙路线、中部候鸟迁徙路线、东部候鸟迁徙路线。

（1）西部迁徙路线：内蒙古西部、甘肃、青海和宁夏的候鸟，秋季向南迁飞至四川盆地西部和云贵高原越冬。新疆地区的湿地水鸟可向东南汇入该西部迁徙路线。

（2）中部迁徙路线：内蒙古东部、中部草原，华北西部和陕西地区繁殖的候鸟，秋季进入四川盆地越冬，或继续向华中或更南的地区越冬。

（3）东部迁徙路线：在俄罗斯、日本、朝鲜半岛和我国东北与华北东部繁殖的湿地水鸟，春、秋季通过我国东部沿海地区进行南北方向的迁徙。

6.2 主要涉鸟故障鸟种信息

6.2.1 喜鹊

喜鹊（见图6-1），雀形目，鸦科，鹊属。

俗名： 鸦雀、客鹊、麻野鹊。

形态： 长约38~48cm的中型鸦科鸟类，雌雄相似。头部、胸部、背部为黑色。两翼黑白相间，极易辨识，初级飞羽外翈黑色，内翈大部分为白色，具黑色端斑。肩羽白色，停歇时形成翼上长圆形大块白斑。具黑色长尾，两翼及尾黑色并具蓝色辉光。虹膜暗褐色，喙、跗跖和趾黑色。叫声为响亮粗哑的嘎嘎声。

习性： 喜鹊活动于林地、湿地、农田、村庄、城市等各种环境，栖息活动于村落、公路、沟渠、河流周围的树上。适应性强，中国北方的农田或高楼大厦均可安家。常单个或成群活动，有时也三五只成群在一起觅食，非繁殖季常集成数十只的大群，攻击性较强。多从地面取食。食性杂，以松毛虫、蝼蛄、象甲、地老虎、蝇蛆为食，秋冬季也吃小麦、玉米和杂草种子。营巢于杨树等高大乔木，经年不变。每窝产卵 5~8 枚，最多达 11 个，大小约 35mm × 25mm。巢为胡乱堆搭的拱圆形树棍。

分布：全世界有 13 个亚种，我国有 4 个亚种。广泛分布于亚欧大陆，北美和北美西部也有记录，几乎分布全国，被认为能带来好运气而通常免遭捕杀。留鸟。

会造成的故障类型：鸟巢类、鸟粪类、鸟啄类故障。

图 6-1　喜鹊

6.2.2　红隼

红隼（见图 6-2），隼形目，隼科，隼属。

俗名：茶隼、红鹰、黄鹰、红鹞子等。

形态：体长 31~38cm 的小型猛禽。翼较窄长，翼端较尖。尾亦较长。成年雄鸟头部为灰色，脸颊白色，胸部、腹部皮黄色，具褐色斑纹。翼下浅灰色，具褐色斑纹，背部和翼上覆羽为砖红色，具褐色斑纹。飞羽上面近黑色，尾下覆羽白色少斑纹，尾灰色，尾端黑色明显。雌鸟头部灰褐色，胸部、腹部皮黄色，具褐色斑纹，翼下浅灰色，具褐色斑纹，背部红褐色，具褐色斑纹；尾红褐色，具褐色横纹，尾端黑色明显。幼鸟似雌鸟，翼上、背部斑纹更明显。虹膜为深褐色，喙端灰色，喙基黄色，跗跖黄色。眼睛的下面有一条垂直向下的黑色口角髭纹，是它与黄爪隼的最明显的区别之一。

习性: 红隼常栖息于山地森林、低山丘陵、山脚平原、开阔草原、农田耕地等地带。主要以鼠类为食,有时亦捕食小型鸟类、蜥蜴、蛙类、昆虫等。常发出单调而连续的叫声。繁殖期为 5~7 月,产卵通常为 2~3 枚。卵为白色或赭色。孵化期 28~30 天。雏鸟由亲鸟喂养 30 天左右离巢。

分布: 广泛分布于非洲、亚欧大陆,国内各地均有分布,不同种群迁徙状况各异,但各地各季节均可见。留鸟。

会造成的故障类型: 鸟巢类、鸟粪类、鸟体短接类故障。

图 6-2　红隼

6.2.3　雀鹰

雀鹰(见图 6-3),隼形目,鹰科,鹰属。

俗名: 鹞子。

形态: 体长 32~43cm 的较小型猛禽。翼、尾相对较长。雄鸟头部灰色,脸颊红色,虹膜橙红色;胸部、腹部浅色,具较细的红色横纹;翼上、背部灰蓝色。雌鸟的体形比雄鸟大,头部棕褐色,具较明显的白色眉纹,虹膜黄色,胸部、腹部浅色,翅膀阔而圆,尾羽较长,具褐色横纹;翼上、背部褐色。幼鸟整体黄褐色,腹部具褐色点状斑纹。喙为深灰色,跗跖为黄色。

习性：雀鹰栖息于针叶林、混交林、阔叶林等山地森林和林缘地带。冬季主要栖息于山地丘陵、山脚平原、农田地边以及村庄附近，尤其喜欢在林缘、河谷、采伐地和农田附近的小块丛林地带活动。常单独生活，或飞翔于空中，或栖息于树上和电线杆上。主要以小鸟、昆虫和鼠类等为食，也捕鸠鸽类和鹑鸡类等体形稍大的鸟类和野兔、蛇等。营巢于森林中的树上。每窝产卵通常 3~4 枚，偶尔有多至 5~7 枚和少至 2 枚的。

分布：分布于亚欧大陆、非洲背部。国内见于各地，于东北、西北为夏候鸟，西南为留鸟，东部为冬候鸟，其他地区迁徙时可见。雀鹰在全世界共有 6 个亚种，我国有 2 个亚种。

会造成的故障类型：鸟粪类故障。

图 6-3　雀鹰

6.2.4　黑鸢

黑鸢（见图 6-4），隼形目，鹰科，鹰属。

形态：体长 58~66cm 的较大型猛禽。雌雄相似。整体深褐色，两翼较宽大，翼下具较明显的白色翅窗；尾羽为中央内凹形，似"燕尾服"式的小缺口。成鸟腹部褐色，具不甚明显的深色纵纹。幼鸟腹部褐色，密布白色点状斑纹，翼上覆羽、翼下覆羽白斑明显。虹膜为褐色，喙为灰色，跗跖为灰色。

习性：常栖息于草地、荒原、山区林地、河流、城郊、村庄附近等地带。天气晴朗时，常见其在天空翱翔，发现猎物立即俯冲直下。也在田野、港湾、

湖泊上空活动，主要以小型哺乳动物、小型鸟类、动物尸体为食。繁殖期为4~7月。

分布： 分布于非洲、欧亚大陆至大洋洲。国内在东北为夏候鸟，在除青藏高原腹地外的广大地区为留鸟。

会造成的故障类型： 鸟粪类、鸟体短接类故障。

图 6-4 黑鸢

6.2.5 黑鹳

黑鹳（见图 6-5），鹳形目，鹳科，鹳属。

俗名： 黑巨鹳、黑老鹳、乌鹳、锅鹳、黑鹭。

形态： 翅展长度约 150cm。下胸、腹部及尾下白色。黑色部位具绿色和紫色的光泽。飞行时翼下黑色，仅三级飞羽及次级飞羽内侧白色。眼周裸露皮肤红色。亚成鸟上体褐色，下体白色。虹膜褐近黑色；嘴红色，先端较淡；跗蹠和趾红色；脚、腿红色。

习性： 栖息于河流沿岸、湖泊、沼泽、山区溪流附近、林缘等处。主要以鲫鱼、雅罗鱼、泥鳅等小型鱼类为食，也吃蛙、蜥蜴、虾、蟋蟀、啮齿类、小型爬行类、雏鸟和昆虫等其他动物性食物。营巢于林间河谷乔木上，巢用树枝搭成，内铺干草等，每窝产卵多为 3 枚，呈乳白色，有少量浅橙黄色隐斑块，大小约为（65~67）mm ×（49~50）mm。性机警而胆小，听觉、视觉均很发达，不易接近。冬季有时结小群活动。繁殖期发出悦耳喉音。

分布： 中国除青藏高原外均有分布。

会造成的故障类型： 鸟巢类、鸟粪类、鸟体短接类故障。

图 6-5　黑鹳

6.2.6　苍鹭

苍鹭（见图 6-6），鹳形目，鹭科，鹭属。

俗名： 灰鹭、长脖老等。

形态： 体长 80~110cm 的大型鹭科鸟类。雌雄相似。头、颈以灰色或粉灰色为主。头部羽色较淡，为近白色，但头侧全枕部为黑色，且此处黑色羽毛延长形成辫状羽。前颈亦具稀疏的黑色细纵纹，颈下部羽毛延长、下垂至胸部，形成蓑羽。上体余部蓝灰色，两翼飞羽和初级覆羽近黑色，余部灰色。下体及尾羽均为灰白色。未成年个体与成鸟相似，但头顶几乎全为灰黑色。虹膜为金黄色；喙为橙黄色，幼鸟喙峰灰色；跗跖为灰褐色。鸣声为响亮的"呱—呱"声。

习性： 栖息于江河、溪流、湖泊、水塘、海岸、湿地等水域岸边及其浅水处，也见于沼泽、稻田、山地、森林和平原荒漠上的水边浅水处和沼泽地上。喜集群活动或与其他中、大型鹭鸟类混群。觅食时于水边长时间静立不动等待捕食机会。主要以小型鱼类、泥鳅、虾、喇蛄、蜻蜓幼虫、蜥蜴、蛙

和昆虫等动物性食物为食。巢筑于高而密的苇塘或蒲草中。

分布： 广泛分布于欧亚大陆至非洲大陆，国内各省皆有分布，为常见留鸟或候鸟。

会造成的故障类型： 鸟巢类、鸟粪类、鸟体短接类故障。

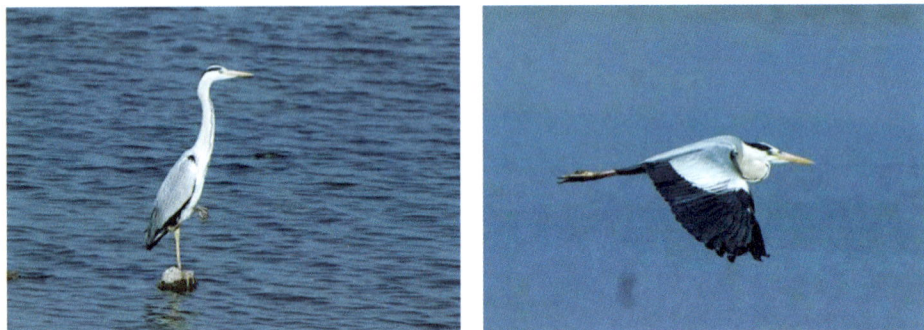

图 6-6　苍鹭

6.2.7　燕隼

燕隼（见图 6-7），鹳形目，鹭科，鹭属。

俗名： 青条子、蚂蚱鹰、青尖等。

形态： 体长 29~35cm 的较小型猛禽，雌雄相似。翼窄长，翼端较尖。成鸟头部深灰色，具一道深灰色髭斑；胸部、腹部具深褐色纵纹；翼下浅色，具灰褐色斑纹，翼覆羽、背部灰色；翼下覆羽为棕红色，尾羽灰色、幼鸟似成鸟；翼上、背部具浅色羽缘；尾下覆羽色浅。虹膜为深褐色，喙端为灰色，喙基为黄色，跗跖为黄色。

习性： 常栖息于山地森林、低山丘陵、开阔平原等地带，有时也在村庄附近活动。主要以小型鸟类为食，有时亦捕捉昆虫。飞翔时翅膀狭长而尖，像镰刀一样，翅膀折合时，翅尖几乎达到尾羽的端部，看上去很像燕子，因此得名。

分布： 主要分布在宁夏、陕西、西藏、青海等地。

会造成的故障类型： 鸟粪类、鸟体短接类故障。

图 6-7　燕隼

6.2.8　阿穆尔隼

阿穆尔隼（见图 6-8），隼形目，隼科，隼属。

俗名： 青燕子、黑花鹞。

形态： 体长 25~30cm 的小型猛禽。翼较窄长，翼端较尖。成年雄鸟头部深灰色；胸部、腹部灰色；翼下亮白色覆羽与深灰色飞羽形成明显对比，翼上覆羽、背部深灰色；尾下覆羽橙红色，尾灰色。雌鸟头部灰色，脸颊白色；胸部、腹部白色，具灰褐色斑纹；翼下密布灰褐色斑纹，翼后缘深灰色，翼上、背部灰色；尾下覆羽浅橙色。幼鸟似雌鸟，头顶褐色，具白色眉纹；翼上、背部具浅色羽缘。虹膜为深褐色，喙端为灰色，喙基为橙色，跗跖为橙红色。叫声尖利，常发出单调而响亮的"yi yi yi"声。

习性： 常栖息于山脚平原、草原、农田耕地等地带。主要以昆虫为食，有时亦捕捉小型鸟类、蜥蜴、蛙类等。黄昏后捕捉昆虫，有时结群捕食，迁徙时结成大群多至数百只。

分布： 繁殖于东亚东部、主要在非洲南端越冬。国内主要见于除横断山脉以西及北外的广大地区，在北方繁殖，每年的迁徙过程中，阿穆尔隼会在西伯利亚和南非之间来回，迁徙经过南方地区及台湾。

会造成的故障类型：鸟粪类故障。

图6-8　阿穆尔隼

6.2.9　大鵟

大鵟（见图6-9），隼形目，鹰科，鵟属。

俗名：豪豹、白鹭豹。

形态：体长56~71cm的较大型猛禽。雌雄相似。本种体色变化较大，可分为浅色型、中间型、深色型3种，一般以浅色型、中间型较为常见。成鸟头部、喉部、颈部近白色；胸部偏白色，少斑纹，腹部具深褐色斑块；翼较宽大，多褐色，翼上具明显翅窗，翼下飞羽浅；尾羽近白色，具不明显斑纹。幼鸟似成鸟；上体具浅色羽缘；腹部具较明显纵纹。虹膜，成鸟为暗褐色，幼鸟为黄色。喙基为黄色，喙端为灰色。跗跖被羽。有时发出响亮的"a—a"声。

习性：常栖息于山地、山脚平原、草原等地区，也出现在高山林缘和开阔的山地草原与荒漠地带，垂直分布高度可以达到4000m以上的高原和山区。冬季也常出现在低山丘陵和山脚平原地带的农田、芦苇沼泽、村庄、甚至城市附近。繁殖期为5~7月。主要以鼠类、中小型鸟类为食，有时亦捕食蛇类、蜥蜴、昆虫等。

分布：主要分布于东亚。国内分布于北方大部分地区，包括台湾，为各地候鸟或留鸟。在西藏、新疆、青海、甘肃等地为留鸟，在陕西为旅鸟、冬候鸟。

会造成的故障类型：鸟粪类、鸟体短接类故障。

图6-9　大鵟

6.2.10　豆雁

豆雁（见图6-10），雁形目，鸭科，雁属。

俗名：大雁、麦鹅。

形态：体长80~90cm的大型雁。雌雄相似。通体灰褐色而具白色和黑色条纹，腰和尾下覆羽白色，喉和胸腹颜色较浅。飞行中较其他灰色雁类色暗而颈长。虹膜为褐色；喙为黑色，前端黄色，尖端黑色，嘴甲和鼻孔之间有一橙黄色横斑沿嘴的两侧边缘向后延伸至嘴角；跗跖为橙红色。飞行时发出音调较低的"汗、汗"声，似喇叭。

习性：繁殖季节的栖息生境因亚种不同而略有变化。有的主要栖息于亚北极泰加林湖泊或亚平原森林河谷地区，有的主要栖息于开阔的北极苔原地带或苔原灌丛地带，有的栖息在很少植物生长的岩石苔原地带。迁徙期间和冬季，则主要栖息于开阔平原草地、沼泽、水库、江河、湖泊及沿海海岸和附近农田地区。通常在栖息地附近的农田、草地和沼泽地上觅食，有时亦飞到较远处的觅食地。觅食多在早晨和下午，中午多在湖中水面上或岸边沙滩上休息。

分布：豆雁繁殖于古北界北部，在繁殖地南方越冬。迁徙时经过中国东北、华北、华中大部，在新疆、黄河以南及海南越冬。

会造成的故障类型：鸟粪类、鸟体短接类故障。

图 6-10　豆雁

6.2.11　灰雁

灰雁（见图 6-11），雁形目，鸭科、雁属。

俗名：沙鹅、灰腰雁。

形态：体长 76~89cm 的中型雁。雌雄相似。通体灰褐色并具白色和黑褐色细纹，头、胸和下腹颜色较浅，下腹无黑斑，尾下覆羽白色。虹膜为黑褐色；喙为粉红色；跗跖为粉红色。幼鸟上体暗灰褐色，胸和腹前部灰褐色，没有黑色斑块，两胁亦缺少白色横斑。飞行时发出深沉的"扛、扛"声。

习性：主要栖息在多水生植物的淡水水域中，常见出入于富有芦苇和水草的湖泊、水库、河口、水淹平原、湿草原、沼泽和草地。冬季集群活动于草地、沼泽、水库、湖泊、河流、农田，觅食于浅水区，较少与其他大型雁鸭类混群活动。

分布：繁殖于欧亚大陆的温带区域及青藏高原边缘地区，越冬于分布区的南部。国内繁殖于北方大部地区，越冬于整个南方适宜水域，偶至台湾。灰雁3月末至4月初成群从南方越冬地迁到西北地区的甘肃、青海、新疆等省份地区繁殖，9 月末开始成群迁往南方越冬，大批迁徙在 10 月初至 10 月末。

会造成的故障类型：鸟粪类、鸟体短接类故障。

图 6-11　灰雁

6.2.12　灰鹤

灰鹤（见图 6-12），鹤形目，鹤科，鹤属。

俗名：玄鹤、千岁鹤

形态：体长 100~125cm 的中型鹤类。雌雄相似。头部至枕部以灰黑色为主，头顶具一小块红色裸皮，眼后、耳羽至颈侧和后颈为灰白色，额、喉至前颈灰黑色。上体和下体大致为灰色，两翼覆羽亦为灰色，但初级飞羽、次级飞羽呈黑褐色，三级飞羽基部灰色，具黑褐色端斑，内侧数枚次级飞羽和三级飞羽特别延长，停歇时略蓬松并下垂于身体后部。幼鸟头、领黄褐色，其余部分似成鸟。似丹顶鹤但本种全身以灰色为主而非白色；似白枕鹤但本种体形较小且颏、喉至前颈为灰黑色而非白色。虹膜为橙红色；喙为灰绿色；跗跖为灰黑色。鸣叫声为高亢的 "weee wow" 声。

习性：灰鹤成 5~10 余只的小群活动，迁徙期间有时集群多达 40~50 只，在冬天越冬地集群个体多达数百只。栖息于开阔平原、草地、沼泽、河滩、旷野、湖泊以及农田地带，常到农田中觅食，回到河漫滩、沼泽地或海滩夜宿。尤为喜欢富有水边植物的开阔湖泊和沼泽地带。

分布：分布遍及欧亚大陆及非洲北部。国内广布于除青藏高原之外的其他地区，为常见候鸟。活动于开阔的湿地和农田，喜集群。

会造成的故障类型：鸟粪类、鸟体短接类故障。

图 6-12　灰鹤

6.2.13　鸬鹚

鸬鹚（见图 6-13），鹈形目，鸬鹚科，鸬鹚属。

俗名：鱼鹰、水老鸦。

形态：鸬鹚是中到大型的海鸟。形体最小的是侏鸬鹚，体长 45cm，体重 340g；最大的是弱翅鸬鹚，体长 100cm，体重 5kg。多数鸬鹚，包括几乎所有的北半球物种，主要有深色的羽毛，但一些南半球的物种是黑色和白色，少数（生活在新西兰的如点斑鸬鹚）羽行相当丰富多彩。在国内引起输电线路涉鸟故障的多为普通鸬鹚，是体长 72~87cm 的大型鸬鹚。雌雄相似。头部、颈部和羽冠的繁殖羽为青绿色，具显著的白色丝状羽，黄色喙基较钝；胸部、腹部青绿色；背部、两翼铜褐色，羽缘暗褐色；胁部具白色斑块；青色尾羽较短，为圆形。非繁殖羽头部、颈部无白色丝状羽，两肋无白色斑块。虹膜为青绿色；喙为灰黑色，下喙基黄色；跗跖为黑色。叫声单调而低沉。

习性：常栖息于河流、湖泊、池塘、水库、河口等地带。常成群活动，善游冰和潜水。繁殖期 4~6 月。通常以对为单位成群在一起营巢，到达繁殖地时对已基本形成。营巢于人迹罕至的悬崖上、离岸的小岛或码头、湖边、河岸或沼泽地中的树上，有时一棵树上有近 10 个巢，也有在湖边或河边岩石地上或湖心小岛上营巢的。巢由枯枝和水草构成，亦喜欢利用旧巢，到达繁殖地后不久即开始修理旧巢和建筑新巢。

分布： 分布于欧洲，亚洲、非洲、北美等地区。国内广布，多为北方地区夏候鸟，南方地区冬候鸟或留鸟。

会造成的故障类型： 鸟粪类、鸟体短接类故障。

图 6-13 普通鸬鹚

6.2.14 灰椋鸟

灰椋鸟（见图 6-14），雀形目，椋鸟科，椋鸟属。

俗名： 高粱头。

形态： 体长 20~24cm 的中型椋鸟。雌雄相似。头部大致黑褐色，头顶、眼先及耳羽白色具黑色杂纹。颈部及胸部深褐色，背部、覆羽及下体褐色具灰褐色细纹。飞羽黑褐色，次级飞羽外翈具白色形成浅色翼纹。腰部及尾下覆羽白色，尾羽黑色而末端具白斑。幼鸟耳羽灰褐色，体羽亦更灰。虹膜为深褐色；喙为橙色，末端暗色；跗跖为黄褐色。鸣叫声流畅但沙哑，

习性： 性喜成群，除繁殖期成对活动外，其他时候多成群活动。常在草甸、河谷、农田等潮湿地上觅食，休息时多栖于电线上、电线杆上和树木枯

枝上。平原地区常结群活动，在山区多活动于开阔地段，接近农田、水田的林缘。飞行迅速，整群飞行。

分布：分布于亚洲东部及东南亚地区。国内常见于东部及中部开阔生境。于北方繁殖，越冬于黄河流域以南；部分种群不迁徙。在我国黑龙江以南至辽宁、河北、内蒙古以及黄河流域一带主要为夏候鸟，迁徙及越冬时普遍见于东部至华南地区。

会造成的故障类型：鸟粪类故障。

图 6-14　灰椋鸟

6.2.15　苍鹰

苍鹰（见图 6-15），隼形目，鹰科，鹰属。

俗名：黄鹰，牙鹰。

形态：体长 47~59cm 的较大型猛禽。雌雄相似。个体较大，体形壮实。成鸟头部苍灰色，具显著白色眉纹，喉部白色；胸部、腹部较白色，密布灰褐色浅淡横纹；翼下白色，具灰褐色横斑；翼上、背部苍灰色；尾下覆羽较白，少斑纹，尾羽灰色，具神色横纹。幼鸟整体为皮黄色，喙为铅灰色，跗趾为黄色。尾方形。飞行时，双翅宽阔，翅下白色，但密布黑褐色横带。

习性：苍鹰栖息于疏林、林缘和灌丛地带，次生林中也较常见。栖息于不同海拔高度的针叶林、混交林和阔叶林等森林地卅，也见于山施平原和丘陵地带的疏林和小块林内。性情凶猛，主要以较小型鸟类及哺乳动物为食。视觉敏锐，善于飞翔。白天活动。性甚机警，亦善隐藏。叫声为单调的"wei ou—wei ou"声。

分布： 广泛分布于欧亚大陆及北美。国内繁殖于东北、西北和西南部分地区。在我国南方和东部沿海地区越冬，主要为夏候鸟和冬候鸟，在中部和东部地区多为过路鸟。迁徙时间春季在3~4月，秋季在10~11月。

会造成的故障类型： 鸟粪类、鸟巢类、鸟体短接类故障。

图6-15　苍鹰

6.2.16　白鹭

白鹭（见图6-16），鹤形目，鹭科，白鹭属。

俗名： 白翎鸶、白鹭鸶。

形态： 体长54~68cm的中型鹭科鸟类。雌雄相似。繁殖期眼先淡绿色，枕后具显著延长的辫状羽，前颈基部具延长的丝状饰羽，下垂至胸部，背部亦具显著延长的蓑羽，长度常超出尾端。非繁殖期眼先为黄色或黄绿色，头部无辫状饰羽，颈部和背部亦无延长的蓑羽。本种体形显著小于同为白色的大白鹭；与中白鹭和黄嘴白鹭相比，本种无论繁殖期内外喙均全为黑色。此外，本种跗跖为黑色，与黄色的趾形成显著的对比，亦为其区别于其余相似鹭类的重要特征。虹膜为黄色；喙为黑色；跗跖为黑色。鸣叫声为粗哑的

"呱—呱—"声。

习性：具鹭类典型习性，多见于沿海及内陆湿地浅水区域，常沿水边走动边觅食，喜集群或与其他鹭类混群。白鹭的羽毛价值高，羽衣多为白色，繁殖季节有颀长的装饰性婚羽。白鹭是涉禽，捕食浅水中的小鱼及两栖类、爬虫类、哺乳动物和甲壳动物。在乔木或灌木上，或者在地面筑起凌乱的大巢。栖息于沿海岛屿、海岸、海湾、河口及其沿海附近的江河、湖泊、水塘、溪流、水稻田和沼泽地带。单独、成对或集成小群活动的情况都能见到，偶尔也有数十只在一起的大群。白天多飞到海岸附近的溪流、江河、盐田和水稻田中活动和觅食。

分布：广泛分布于非洲、欧亚大陆、大洋洲。我国亦广布且常见于华北、华中及其以南的地区和海南岛，在长江以北地区多为夏候鸟，长江以南地区为冬候鸟或留鸟。

会造成的故障类型：鸟粪类、鸟体短接类故障。

图 6-16　白鹭

6.2.17　大嘴乌鸦

乌鸦（见图 6-17），雀形目，鸦科，鸦属。

俗名：老鸹、乌鸦。

形态：体长 45~54cm 的大型鸦科鸟类。雌雄相似。体形粗壮，喙甚为粗厚，喙峰略弯曲，喙峰与前额形成明显的夹角（即额弓），停歇时极为明显。全身羽毛皆为黑色，具蓝紫色金属光泽，尾较长。本种与小嘴乌鸦和渡鸦较相似，但小嘴乌鸦喙较细，额弓不明显，且叫声不如本种干涩；渡鸦体形明显较大，喙虽然粗厚但额弓并不明显，喙基簇羽亦更为发达。虹膜为深褐色；喙为黑色；跗蹠为黑色。鸣叫声为响亮、干涩、粗哑的"ah ah ah"声。

习性： 见于低山和平原的林地、湿地、城镇等各种生境。非繁殖期喜集群。大嘴乌鸦喜群栖，集群性强，一群可达几万只。行为复杂，表现有较强的智力和社会性活动。主要栖息于低山、平原和山地阔叶林、针阔叶混交林、针叶林、次生杂木林、人工林等各种森林类型中，尤以疏林和林缘地带较常见。

分布： 分布于中亚部分地区和东亚。国内见于除新疆、青藏高原西部之外的大部分地区，包括海南及台湾为常见留鸟（东南部部分地区为冬候鸟）。

会造成的故障类型： 鸟粪类、鸟巢类故障。

图 6-17　大嘴乌鸦

6.2.18　白鹤

白鹤（见图 6-18），鹤形目，鹤科，鹤属。

俗名： 雪鹤、修女鹤、西伯利亚鹤。

形态： 体长 120~145cm 的大型鹤类。雌雄相似。成鸟全身白色为主，头前部（前额、头顶、眼先、眼周及颊）具红色裸皮。两翼亦为白色，仅初级

飞羽黑色，飞行时与其余部分白色羽毛形成显著的对比。幼鸟头部、颈部、背部及两翼略带淡黄褐色，头部无红色裸皮。与相似的其余鹤类及东方白鹳的主要差异在于本种体羽几全为白色，仅初级飞羽黑色，次级飞羽和三级飞羽白色，三级飞羽延长成镰刀状，覆盖于尾上，盖住了黑色初级飞羽，因此站立时通体白色，仅飞翔时可见黑色初级飞羽。虹膜为黄色；喙为红褐色；跗跖为红褐色。鸣叫声为单调的"hoohoo"声。

习性：栖息于开阔平原沼泽草地、苔原沼泽和大的湖泊沿边及浅水沼泽地带。白鹤是对栖息地要求最特化的鹤类，对浅水湿地的依恋性很强。多成群（集大群或家族群）见于开周的湿地，如沼泽及湖泊浅水区等。东部种群在俄罗斯的雅库特繁殖，不在北极苔原营巢，也不在近海河口低地和河流泛滩或高地营巢，而喜欢低地苔原，喜欢大面积的淡水和开阔的视野。

分布：繁殖于西伯利亚地区，越冬于南亚及我国南方。国内为东部地区的罕见旅鸟或冬候鸟（区域性常见于长江流域的越冬地）。迁徙时见于河北（滦河口、北戴河），内蒙古（赤峰、达赉湖、兴安盟、哲里木盟），辽宁（双台河口、大连），吉林（莫莫格、向海），黑龙江（扎龙、林甸），安徽（武昌湖、升金湖、莱子湖），山东（黄河三角洲），河南（黄河故道、黑港口）等。

会造成的故障类型：鸟粪类故障。

图 6-18　白鹤

6.2.19　猎隼

猎隼（见图6-19），隼形目，隼科，隼属。

俗称：猎鹰、兔虎。

形态：体长42~60cm的较大型猛禽，雌雄相似，体形壮实。成鸟头顶褐色，具一道褐色髭斑；胸部、背部近白色，具点状斑纹；翼下浅色，具不明显褐色斑纹，翼上覆羽、背部、尾褐色。幼鸟与成鸟相似，上体褐色深沉，腹部、翼下满布黑色斑纹。叫声似游隼但较沙哑。

习性：主要生活在内陆草原、低山丘陵、多岩石的旷野及农田等地带，以中小型鸟类、野兔、鼠类等动物为食。

分布：在亚欧大陆中纬度地区繁殖，在较南方越冬。在国内属于不常见季节候鸟，繁殖于西北至东北地区，部分种群在较南方越冬。

会造成的故障类型：鸟粪类、鸟巢类、鸟体短接类故障。

图6-19　猎隼

6.2.20　游隼

游隼（见图6-20），隼形目，隼科，隼属。

俗名：花梨鹰、鸽虎、鸭虎、青燕。

形态：体长41~50cm的中型猛禽。雌雄相似，体形较壮实。成鸟头部灰

黑色，具一道宽大的灰色髭斑；胸部白色，少斑纹，腹部白色或略带红色，具明显横纹；翼下浅色，覆羽具明显褐色横纹，翼上覆羽、背部、尾羽黑灰色。幼鸟与成鸟相似，整体深灰褐色；胸部、腹部皮黄色，多纵纹。虹膜为深褐色，喙的端为浅灰色，喙基为黄色，跗跖上被羽。常发出沙哑而单调的"ga—ga—ga"声。

习性： 常栖息于多岩山地、低山丘陵、海岸、草原、河流、湖泊等地带，也到开阔的农田、耕地和村屯附近活动。多单独活动，通常在快速鼓翼飞翔时伴随着一阵滑翔；也喜欢在空中翱翔。主要捕食野鸭、鸥、鸠鸽类、乌鸦和鸡类等中小型鸟类，偶尔也捕食鼠类和野兔等小型兽类。

分布： 在世界各地广泛分布，游隼一部分为留鸟，一部分为候鸟。在北半球高纬度地区为夏候鸟、低纬度地区为留鸟或冬候鸟。国内与东部地区为候鸟，包括台湾和海南；于西北和西南地区为留鸟。

会造成的故障类型： 鸟粪类、鸟巢类、鸟体短接类故障。

图 6-20　游隼

附 录

附录 A 防鸟装置到货验收及安装验收情况表

表 A1 防鸟装置到货验收及安装验收情况表

序号	防鸟装置类型	防鸟装置到货验收抽检					防鸟装置安装验收			
		是否已开展抽检	抽检比例	抽检项目	抽检发现的问题	处理措施	验收项目	验收发现的问题	处理措施

附录 B 涉鸟故障隐患治理工作流程

涉鸟故障隐患排查情况表

表 B1

序号	省公司	设备概况					所处涉鸟故障风险等级区段			存在隐患的杆塔号及塔型	地理位置及环境	涉鸟故障类型	隐患发现时间	治理情况					备注
		地市公司	线路名称	电压等级（kV）	投运年限	设备主人	Ⅰ级	Ⅱ级	Ⅲ级					计划治理时间	计划治理措施	项目类型	预估资金（万元）	完成治理时间	

表 B2　涉鸟故障隐患处理流程

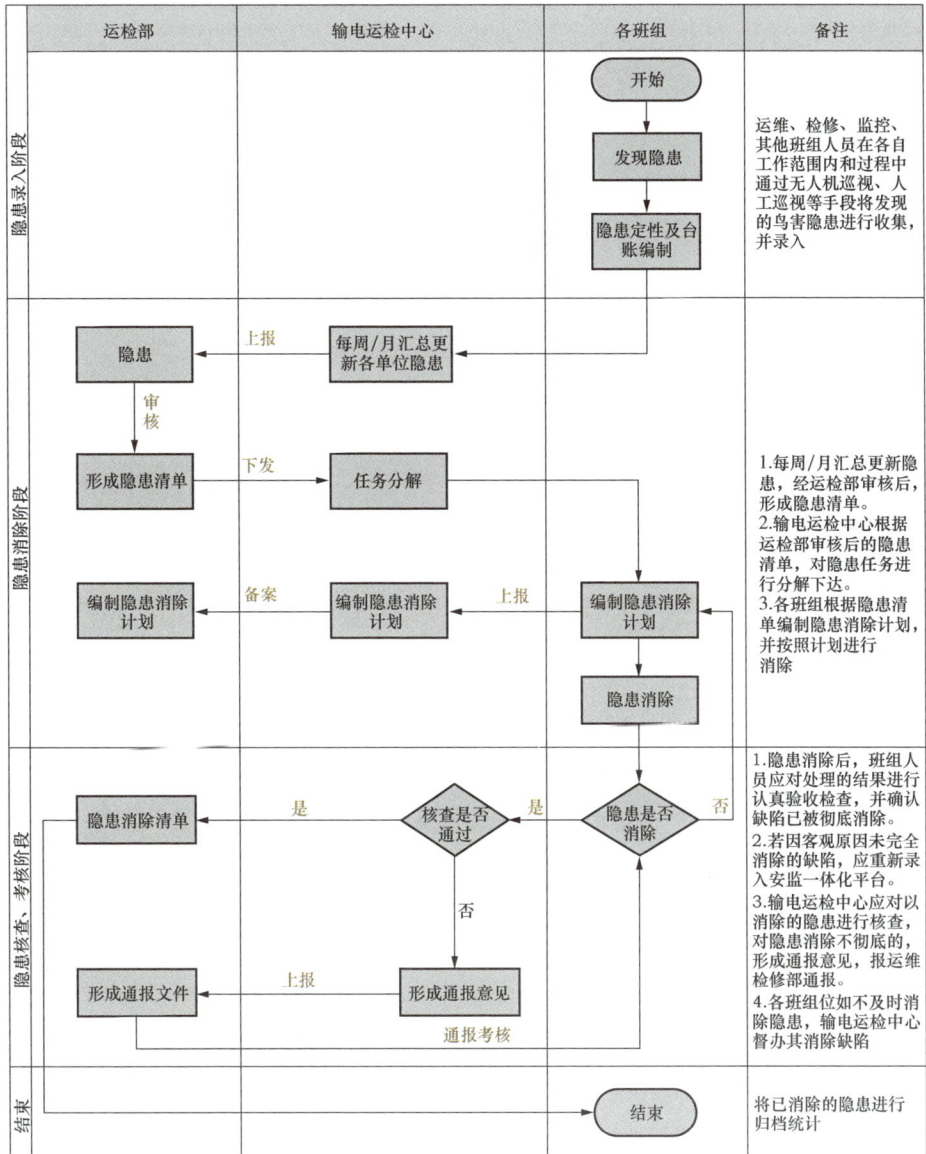

隐患录入阶段	运检部	输电运检中心	各班组	备注
隐患录入阶段			开始 → 发现隐患 → 隐患定性及台账编制	运维、检修、监控、其他班组人员在各自工作范围内和过程中通过无人机巡视、人工巡视等手段将发现的鸟害隐患进行收集，并录入
隐患消除阶段	隐患 审核 → 形成隐患清单 → 编制隐患消除计划	每周/月汇总更新各单位隐患 ← 上报；任务分解；编制隐患消除计划 → 上报 → 备案	编制隐患消除计划 → 隐患消除	1.每周/月汇总更新隐患，经运检部审核后，形成隐患清单。2.输电运检中心根据运检部审核后的隐患清单，对隐患任务进行分解下达。3.各班组根据隐患清单编制隐患消除计划，并按照计划进行消除
隐患核查、考核阶段	隐患消除清单 ← 是；形成通报文件 ← 上报	核查是否通过 → 是；否 ↓；形成通报意见 → 通报考核	隐患是否消除 → 是／否	1.隐患消除后，班组人员应对处理的结果进行认真验收检查，并确认缺陷已被彻底消除。2.若因客观原因未完全消除的缺陷，应重新录入安监一体化平台。3.输电运检中心应对以消除的隐患进行核查，对隐患消除不彻底的，形成通报意见，报运检修部通报。4.各班组位如不及时消除隐患，输电运检中心督办其消除缺陷
结束		结束		将已消除的隐患进行归档统计

187

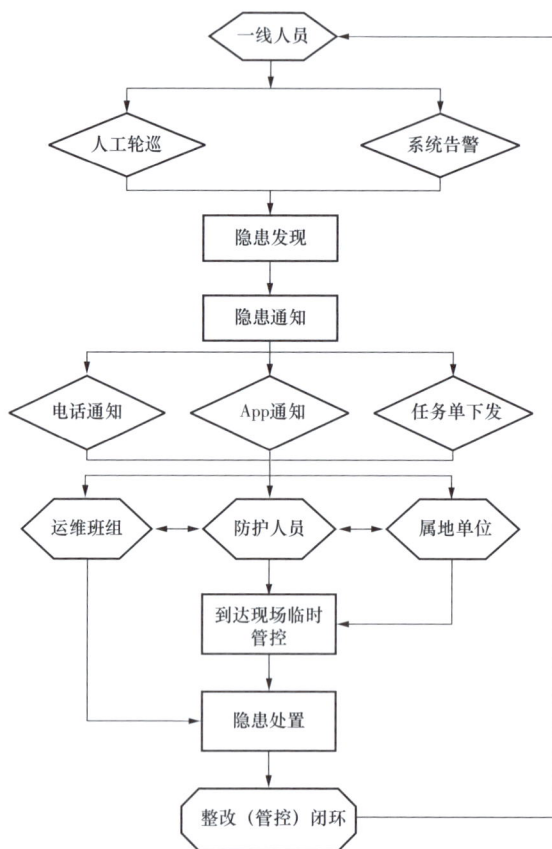

图 B1 涉鸟故障隐患闭环管控流程

附录 C 鸟类活动观察记录表

表 C1 鸟类观察记录表（样线法）

观察地点：_____省_____市_____县（区）_____乡（镇）_____村

样线起点经纬度：N____°____′____″E____°____′____″，样线终点经纬度：N____°____′____″E____°____′____″

观察日期：_____ 海拔幅度：_____ 天气（晴、多云、阴、雨、雾）：_____ 风力（m/s）：_____

温度（℃）：_____ 湿度（%）：_____ 风级（级）：_____ 风向：_____

序号	时间	位置（经纬度）	鸟种	数量	雌鸟/雄鸟	幼鸟	生境类型	距样线（m）	状态	备注

状态：1. 飞行；2. 停栖；3. 觅食；4. 鸣叫；5. 行走。

栖息生境：1. 林地；2. 灌丛；3. 草地；4. 农田；5. 水域；6. 沼泽；7. 居民区。

表 C2 鸟类观察记录表（样方法）

观察地点：_____ 省 _____ 市 _____ 县（区）_____ 乡（镇）_____ 村

样线起点经纬度：N _____ ° _____ ′ _____ ″ E _____ ° _____ ′ _____ ″。

观察日期：_____ 海拔幅度：_____

温度（℃）：_____ 湿度（%）：_____ 风级（级）：_____ 天气（晴、多云、阴、雨、雾）：_____ 风向：_____ 风力（m/s）：_____

序号	鸟种	数量	雌鸟/雄鸟	幼鸟	生境类型	状态	备注

状态：1. 飞行；2. 停栖；3. 觅食；4. 鸣叫；5. 行走。

栖息生境：1. 林地；2. 灌丛；3. 草地；4. 农田；5. 水域；6. 沼泽；7. 居民区。

表 C3 鸟类观察记录表（样点法）

观察地点：_____省_____市_____县（区）_____乡（镇）_____村

样线起点经纬度：N___°___'___" E___°___'___"

观察日期：_____ 海拔幅度：_____

温度（℃）：_____ 湿度（%）：_____ 风级（级）：_____ 风向：_____ 天气（晴、多云、阴、雨、雾）：_____ 风力（m/s）：_____

序号	时间	鸟种	数量	雌鸟/雄鸟	幼鸟	距样点距离（m）	方位	生境类型	状态	备注

状态：1.飞行；2.停栖；3.觅食；4.鸣叫；5.行走。

栖息生境：1.林地；2.灌丛；3.草地；4.农田；5.水域；6.沼泽；7.居民区。

表 C4 鸟类观察记录表（直接计算法）

观察地点：_____ 省 _____ 市 _____ 县（区）_____ 乡（镇）_____ 村

观察日期：_____ 海拔幅度：_____

温度（℃）：_____ 湿度（%）：_____ 风级（级）：_____ 天气（晴、多云、阴、雨、雾）：_____ 风向：_____ 风力（m/s）：_____

序号	时间	鸟种	数量	雌鸟/雄鸟	幼鸟	经纬度	生境类型	状态	备注

状态：1. 飞行；2. 停栖；3. 觅食；4. 鸣叫；5. 行走。

栖息生境：1. 林地；2. 灌丛；3. 草地；4. 农田；5. 水域；6. 沼泽；7. 居民区。

表 C5　鸟类观察记录表　鸟巢情况（树巢）

观察地点：_____ 省 _____ 市 _____ 县（区）_____ 乡（镇）_____ 村

观察日期：_____ 海拔幅度：_____ 天气（晴，多云，阴，雨，雾）：_____ 风向：_____

温度（℃）：_____ 湿度（%）：_____ 风级（级）：_____ 风力（m/s）：_____

序号	鸟种	巢位置		巢位	巢距地面高度（cm）	筑巢树直径（cm）	树种	巢型	巢高（cm）	巢长径（cm）	巢短径（cm）	巢深（cm）	巢材组成
		°′″E	°′″N										

巢位：巢所在的位置（树干、树冠）；巢型：洞巢、树上巢；巢高：鸟巢的高度；巢深：巢窝的深度。

表 C6 鸟类观察记录表 鸟巢情况（地面巢）

观察地点： _____ 省 _____ 市 _____ 县（区） _____ 乡（镇） _____ 村

观察日期： _____ 海拔幅度： _____

温度（℃）： _____ 湿度（%）： _____ 风级（级）： _____ 天气（晴、多云、阴、雨、雾）： _____ 风向： _____ 风力（m/s）： _____

序号	鸟种	巢位置		巢位置	巢高（cm）	巢长径（cm）	巢短径（cm）	巢深（cm）	巢材组成
		°′″E	°′″E						

巢位：地面、湿地、水上。

表 C7 鸟类观察记录表 鸟卵情况

观察地点：_____ 省 _____ 市 _____ 县（区）_____ 乡（镇）_____ 村

观察日期：_____ 海拔幅度：_____

温度（℃）：_____ 湿度（%）：_____ 风级（级）：_____ 风向：_____ 天气（晴、多云、阴、雨、雾）：_____ 风力（m/s）：_____

鸟种	卵编号	卵色	卵长径	卵短径	卵重	卵描述（窝卵数、卵排列、卵形状、斑点等）	备注

表 C8 鸟类观察记录表　雏鸟情况

观察地点：＿＿＿＿＿省＿＿＿＿＿市＿＿＿＿＿县（区）＿＿＿＿＿乡（镇）＿＿＿＿＿村

观察日期：＿＿＿＿＿海拔幅度：＿＿＿＿＿天气（晴、多云、阴、雨、雾）：＿＿＿＿＿

温度（℃）：＿＿＿＿＿湿度（%）：＿＿＿＿＿风级（级）：＿＿＿＿＿风向：＿＿＿＿＿风力（m/s）：＿＿＿＿＿

种类	窝编号	雏鸟编号	体长（mm）	翅长（mm）	嘴峰（mm）	附蹠（mm）	尾长（mm）	体重（g）	日龄（d）	雏鸟生长状态	备注

表 C9 鸟类观察记录表 鸟类资源情况

观察地点：_____ 省 _____ 市 _____ 县（区） _____ 乡（镇） _____ 村

观察日期：_____

温度（℃）：_____ 湿度（%）：_____ 海拔幅度：_____ 风级（级）：_____ 风向：_____ 天气（晴、多云、阴、雨、雾）：_____ 风力（m/s）：_____

目 / 科	种名	居留类型	分布	备注

参考文献

［1］李阳林，张宇，郭志峰，等．架空输电线路涉鸟故障防治［M］．北京：中国电力出版社，2018．

［2］刘世涛，杨剑锋，刘志远，等．电网涉鸟故障防治技术及典型案例分析［M］．北京：中国电力出版社，2021．

［3］陈泓，伍弘，刘世涛，等．宁夏电网 110kV 及以上输电线路鸟害故障分析及防治 [J]．宁夏电力，2019（06）：16-21．

［4］李阳林，张宇，况燕军，等．典型防鸟装置对输电线路绝缘子积污特性的影响 [J]．绝缘材料，2020，53（09）：95-100. DOI：10.16790/j.cnki. 1009-9239. im.2020. 09. 016．

［5］黄绪勇，沈志，王昕．云南电网输电线路鸟害故障风险评估方法 [J]．高压电器，2020，56（03）：156-163. DOI：10.13296/j.1001-1609.hva.2020.03. 023．

［6］张远平，黄治勇．输电线路杆塔新型综合防鸟装置的研发和应用 [J]．电工技术，2017（01）：10-11．

［7］姚磊．北京地区输电线路鸟害故障分析与防治 [J]．电气技术与经济，2019（03）：49-51．